U0281385

卓有成效的工程师

The Effective Engineer

[美] Edmond Lau◎著

万学凡 顾宇◎译

电子工业出版社

Publishing House of Electronics Industry

北京·BEIJING

内 容 简 介

本书介绍了一个强大的框架——杠杆率，用来推断、分析工作的有效性与影响力；研究并说明了如何成为一名卓有成效的工程师。更为重要的是，本书提供了一系列可落地且经过验证的策略作为框架的补充，读者可以立即应用这些策略来提高工作成效。

本书的内容分为三个部分：第一部分阐述提高成效的思维模式；第二部分深入探讨持续提升执行力及取得工作进展的关键策略；在第三部分，作者转换角度，阐述了创造长期价值的方法。通过阅读本书，读者能够获得思维启发和高价值的实践经验，成为卓有成效的工程师，并打造高效的软件工程团队。

The Effective Engineer (ISBN 9780996128100) Copyright © 2015 by Edmond Lau
Chinese translation Copyright © 2022 by Publishing House of Electronics Industry
本书中文简体版专有出版权由 Edmond Lau 授予电子工业出版社，未经许可，不得以任何方式复制或者抄袭本书的任何部分。

版权贸易合同登记号　图字：01-2021-1653

图书在版编目（CIP）数据

卓有成效的工程师 /（美）埃德蒙·刘（Edmond Lau）著；万学凡，顾宇译. —北京：电子工业出版社，2022.7
书名原文：The Effective Engineer
ISBN 978-7-121-43588-1

Ⅰ. ①卓⋯　Ⅱ. ①埃⋯　②万⋯　③顾⋯　Ⅲ. ①工程师－研究　Ⅳ. ①T-29

中国版本图书馆 CIP 数据核字（2022）第 091195 号

责任编辑：张春雨
印　　刷：天津嘉恒印务有限公司
装　　订：天津嘉恒印务有限公司
出版发行：电子工业出版社
　　　　　北京市海淀区万寿路 173 信箱　邮编：100036
开　　本：880×1230　1/32　印张：8.375　字数：209 千字
版　　次：2022 年 7 月第 1 版
印　　次：2023 年 1 月第 2 次印刷
定　　价：75.00 元

凡所购买电子工业出版社图书有缺损问题，请向购买书店调换。若书店售缺，请与本社发行部联系，联系及邮购电话：（010）88254888，88258888。
质量投诉请发邮件至 zlts@phei.com.cn，盗版侵权举报请发邮件至 dbqq@phei.com.cn。
本书咨询联系方式：（010）51260888-819，faq@phei.com.cn。

致我的父母，我的人生良机得益于他们的辛勤付出。

推荐语

　　《卓有成效的工程师》从方方面面汇总了提升工程效率的方法，作者结合自己项目的经验，以及硅谷公司的案例进行诠释，对各个层级的工程师都会带来启发。对一线工程师来说，养成良好的习惯可以节约时间，提升工作质量和效率；对资深工程师和管理者来说，设定更高质量的目标可以提高团队与公司成功的概率。

曹伟（鸣嵩）

阿里巴巴前研究员

阿里云数据库总经理，PolarDB 创始人

　　如何衡量一名软件工程师的工作成效，如何指导新入职的软件工程师更有成效地工作，减少在无意义工作上浪费的时间，一直是各大公司孜孜以求的目标。本书涵盖了提升工作成效的思维模式、以杠杆率为核心的框架，以及一系列经过落地验证的技巧，相信软件

工程领域不同背景的读者都能从中受益，从而提升整体的工作效能。

郑金伟

吉利集团 IT 中心 CTO

对于一家软件公司而言，卓有成效的杠杆点在于创造伟大的工程师文化，尤其是聘用优秀的人才，培养学习和持续改进的文化，创造相互尊重的工作环境，相信人与技术而非管理制度，分配时间给富有实验和创新精神的黑客马拉松等。对于个人而言，卓有成效的工程师将有限的时间集中在最有价值的工作上——"给我一个支点和足够长的杠杆，我就能撬动地球"，将精力投在杠杆点上。杠杆率是衡量工作成效的标准，关注所投入时间的 ROI，即单位时间内所产生的价值或影响。

曾经拜读过 Edmond Lau 的原著以及博文，对内容极为推崇，学凡兄说翻译的过程很是开心，相信各位的阅读感受也会是轻松愉悦且收获满满的。希望这本书能够成为撬动你团队效能的杠杆点！

姚冬

华为云应用平台部首席技术架构师

中国 DevOps 社区核心组织者

近几年来，"内卷"已成为互联网行业不可忽视的痛。软件工程师们逼迫自己努力学习各种新技术，对业务人员提的所有需求都想做到尽善尽美，为了按时完成研发任务而拼命加班，但新技术可能过一段时间就会被淘汰，上一次的需求还没实现有可能就会面临变更，有效率不代表有成效。本书成体系地归纳总结了一系列实战方法来提高工作成效，为上述问题提供了简单、直接的解决方案，有助于让软件开发从业者将时间和精力聚焦在成效更高的事情上，拥有更从容的生活。

吕兆星

正大集团 AVP

在国内，软件工程师成为主流职业不过 20 多年。软件从业人员如何持续精进、提升交付和创新的效率、拓展职业边界，这是一个越来越重要的主题。要做到这些，掌握计算机技术只是基础。

同样重要的还有：自我和团队管理能力的提升，软件工程方法的落地，以及经济学、系统思考等思维模型在软件工作中的应用。本书作者将自己的经验总结为系统和可操作的实践，一定会助力你的职业发展。

何勉

阿里巴巴资深技术专家

《精益产品开发：原则、方法与实施》作者

如果把熟练掌握程序设计语言、用户故事地图梳理、软件功能架构设计、关键数据的加密/解密算法、领域驱动设计（DDD）等技能，比喻为成为卓有成效的工程师需要勤学苦练的"外功"，那么培养自我学习能力、提高个体工作效率、学习"以身作则"与"自动自发"相结合的团队管理模式等，就是成为卓有成效的工程师需要坐薪悬胆刻苦修炼的"内功"。所谓"外练筋骨皮，内练一口气"，内外兼修才是提高自身行业影响力的正道。我很欣喜地看到，近年来从"以人为本"的观点出发，关注软件开发人员"内功修炼"的好书越来越多，隐隐有星火燎原之势。《卓有成效的工程师》一书的出版，无疑是又为此添了一把火，加了一桶油！

王小刚

业内知名讲师与独立顾问

"软技能"系列《善工利器》译者

在小型的敏捷项目中，我们要强调时间优先原则，快速获取运营数据，验证想法和思路是否正确。随着项目和组织规模的扩大，我们要通过降低成本来提高杠杆率。无论是在软件生产中还是在组织建设方面，我们都需要不断降低复杂度带来的成本。只有动力大于摩擦力的时候，项目才会持续前进。

工程师要利用好杠杆率这个奇妙的加速工具，让自己处理问题的速度能超过新问题产生的速度，这样才可以获得美妙的闲暇时间。我强烈推荐阅读《卓有成效的工程师》一书，相信我们能更好地使用杠杆率这个指标来指导团队的工作。

沈旸

神州数码集团副总裁兼 CIO

《卓有成效的工程师》是一部经典巨作。作者总结了自己之前在微软、谷歌、Quora 等公司工作的经历，为大家提供了实用的元技能。践行这些元技能，可以切实地提高个体和团队的成效。同时这本书还为管理工程师这个群体提供了全新的视角，引导大家从埋头编码的工作中跳出来，深入思考。无论你是一线的工程师，还是从事管理工作的技术 Leader，阅读本书都可以开拓眼界，提高认知水平，拓展自己的职业发展之路。强烈推荐！

王春生

禅道软件 CEO

《卓有成效的工程师》既是一本关于软件工程师提升自我成效的书，也是一本关于技术管理的书。卓有成效的产出离不开科学的管理方法，更离不开高素养的工程师群体。本书从不同角度阐述了专注于高杠杆率、持续执行迭代、创造长期价值与文化的理论及实践方法。感谢译者用流畅的文笔为我们带来了原著作者在硅谷多家明星公司长期积累的最佳实践，也希望越来越多的读者在阅读本书之后，通过潜心修炼与充分实践，最终成为卓有成效的工程师。

杨攀

涛思数据副总裁

如果你跟我一样也是"80 后"软件从业者，提到"卓有成效"相关的书籍，首先映入你脑海的是什么？于我，是大神 Neal Ford 的《卓有成效的程序员》，此书对于我作为程序员的价值观与方法论之影响刻骨铭心。十余年后的今天，Edmond Lau 的大作——《卓有成效的工程师》横空出世，异曲同工。在技术语言与框架不胜枚举、技术更迭日新月异的时代，这本书重新定义了度量卓有成效的工程师之黄金法则——"杠杆率"。作者深入浅出地介绍了用于提升杠杆率的相关思维转变与元技能，助力软件工程师持续升维，相信它给你留下的印象会不可磨灭。

张岳

汇丰软件交付总监

《数字化转型：企业破局的 34 个锦囊》译者

在互联网行业增速放缓，软件工程师"35 岁危机"被空前放大并且被媒体花样解读的背景下，本书的译者为大家带来了一本帮助创造长期价值、修炼内功的好书。本书以杠杆率原则贯穿工程师的所有日常工作，将 ROI 应用到付出的所有时间和精力以及产生的结果上，然后不断优化 ROI。相信这个原则不仅可以应用于程序员的工作，也可以应用于生活，帮助大家日后成为高龄但高效的程序员。

王博

阿迪达斯中国数字化中心高级总监

"尽管这是一本写给软件工程师的书，但你在书中找不到任何一行代码"。数字时代让"软件"的内涵与边界不断翻新与拓展，与此同时，软件工作方法也在持续演进和"破圈"，被跨领域广泛借鉴和引用。在我看来，本书正是建立了这样一套跨领域工作框架：首先以杠杆率模型来度量价值；其次建立改进指标，投资迭代速度，合理估算与尽早验证；最后，最小化运营负担，为团队的成长投资。这套框架完整覆盖了从思维到实践，从关注当下小步快跑的迭代改善到关注长期价值与团队成长的闭环，具有很好的普适性。相信无论你从事何种职业，都能从中受益。

马徐

腾讯资深数字化专家

《服务设计方法与项目实践》译者

最优秀的软件工程师在未来的公司里会找寻什么呢？带着这个问题阅读本书，可以发现卓越的工程师文化在不同组织架构、不同形态的团队中有许多相似之处，如迭代速度、自动化、软件抽象的理念、软件质量、共担责任，以及团队文化。这是因为最优秀的软件工程师习惯于把事情做好，而我们一直在讨论的高杠杆率投资恰恰就能帮助他们更好地完成工作。

　　每个技术管理者都需要思考：如何寻找最优秀的软件工程师？本书可以帮助我们做出更好的决策，更快地适应环境并吸引更优秀的人才。

顾黄亮

苏宁消费金融安全运维部总经理

《DevOps 权威指南》作者

　　很多软件工程师往往会把时间和精力优先用于提升技术能力，而忽视软技能。其实很多时候"学什么"往往比"怎么学"更具战略意义与价值，贯穿本书的"杠杆率"正是这一底层逻辑的全方位体现。作为软件工程师的你如果已经意识到其重要性，并且想在这个维度上有所提升与突破，那么本书将会是你的不二选择。

茹炳晟

腾讯研究院特约研究员

中国计算机学会研发效能主席

　　本书在指导工程师乃至技术管理者如何培养专业的技术管理和执行能力方面有着深刻的洞察和理解，阅读本书我们能够感受到作者丰富的实践经验和深刻的思考。本书没有泛泛地讨论概念和方法论，作者结合亲身经历娓娓道来，让读者能够快速产生共鸣。在此基础上，作者将自己的经验和思考进行总结和提炼，形成有高度且非常具有可操作性的指导意见和方法，让人印象深刻。不仅如此，本书还大量引用了先进企业的一些最佳实践，让读者可以参考和学习，干货满满，强烈推荐！

李晓东

中国民生银行信息科技部总经理助理，总架构师

　　如何衡量软件开发的成效，这一直是个挑战。此前我在 Oracle 研发中间件软件产品，如今为企业客户量身定制业务应用系统，二者的软件研发和迭代过程都不尽相同。我非常赞同本书提及的软件开发杠杆率的观点，软件全生命周期的开发迭代是一种"平衡"：量和质的平衡，优先级排序的平衡，技术栈选择的平衡等。我极力推荐这本书，是希望工程师们理解作者阐述的框架，找到自己心中软件开发的"平衡点"。

张尧
凯捷中国首席架构师

　　《卓有成效的工程师》总结了作者从软件工程实战中提炼出的一系列良好实践——从目标设定到优先级排序，再到做出数据驱动的决策，还包括对技术债和软件质量的持续管理。能够真正进行书中实践的研发组织仍然是少数，强烈推荐数字化时代的组织管理者们通过此书来了解如何打造高效的工程师队伍。

肖然
中国敏捷教练企业联盟秘书长
Thoughtworks 数字化转型专家

　　"Effective"在软件类图书里是有特殊含义的，从 *Effective C++* 到 *Effective Java*，几乎每一本 Effective 图书都是各自领域的经典。这本《卓有成效的工程师》（*The Effective Engineer*）没有辜负"Effective"的美名，只不过它涉及的主题不是程序设计语言，而是程序员的工作方式。当程序员迈过了初级的门槛，如何工作就变成比怎么写代码更重要的主题，也成了程序员的分水岭。会工作的程序员职业道路越走越宽，而不会工作的程序员只能每天堆叠近乎重复的代码，为看不到希望的职业天花板而焦虑。遗憾的是，相比于汗牛充栋的"技术"类图书，讲如何工作的图书少之又少。这是我当年写作"10x 程序员工作法"专栏的初衷，也是作者写作这本书的意图。如果你希望自己的程序人生更上一层楼，不妨读一读这本《卓有成效的工程师》，重新审视一下自己的工作方式。

郑晔

"10x 程序员工作法"专栏作者

"个体和互动高于流程和工具"是《敏捷软件开发宣言》中的第一条价值观。在软件正在吞噬世界的当下，工程师无疑是软件开发的核心力量，然而有些工程师却可以以一当十。如果你想成为一名"10 倍"卓有成效的工程师，也许你应该读一读这本书。与其他书关注于流程、工具不同，《卓有成效的工程师》更加关注影响工程师效率的元技能，从目标设定、优先级调整、快速试错，到转换视角创造长期价值，借助于这些元技能，工程师可以将有限的时间和精力投入到更有价值的工作中，从而成为卓有成效的工程师。

于旭东

网易云音乐敏捷教练

《卓有成效的工程师》这本书使我产生了强烈的共鸣。作为一个从事软件行业十几年的老程序员，经历过和书中大部分事例类似的场景，我在阅读此书的过程中也不时回想起当时的想法、讨论和决策——如果能在工作之初就读到这本书会省去很多思考和讨论的时间。作者首先提出一个非常务实的原则——杠杆率，其含义就是单位时间内产出的价值，与 ROI 的概念类似，但更加强调时间维度。时间是每个程序员最稀缺的资源，而如何衡量价值正是这本书的精华所在，很多人的第一反应（包括我）都认为价值就是写了多少行代码，做了多少故事卡，改了多少个 bug。这些的确都是有价值的事情，但它们实际上只是工作量的直接体现而并非真正的价值。书中给出了大量的案例来阐述如何识别更有价值的工作，以及如何才能提高效率，其中的很多原则都是帮助程序员"避坑"的黄金法则。阅读本书绝对是一件杠杆率很高的事情。

王崇

AWS 高级方案架构师

《道德经》有云："万物之始，大道至简，衍化至繁。"本书提供了一个能化繁为简的框架——杠杆率，让软件工程师能够将有限的时间和精力投入到更有成效的工作上，这是一种高层次的"元技能"，也是一种智慧。

陈军

腾讯 T12 工程效能专家

这是一本从软件工程师的视角阐释管理与个人能力提升的书，在当前企业及互联网公司大规模敏捷化的背景之下尤其有意义。软件工程师不仅是践行者，更是思考者与建议者。本人作为一名从软件工程师到架构师，进而转型为数字化咨询师的见证者，感同身受地体会到本书对于软件工程师成长与蜕变的非凡意义。感谢译者，让我们从研读这本书开始重新认识和理解软件工程师的视角与理念，开启卓有成效的职业生涯。

曹健

Concentrix 数字化咨询负责人

就提升软件工程效能而言，这是一本令人印象十分深刻的书。书中提供了简单的思维模式及各种实践场景，以帮助工程师卓有成效地完成工作，从而帮助企业持续创造价值和提升影响力。通过诠释如何聚焦杠杆率和成效，培养积极心态和关键习惯，在质量和实用性之间取得平衡，以及创造长期价值，对团队的成长投资等策略，作者介绍了工程师通过寻找高杠杆率任务提高工作成效的技巧，以及在日益复杂的软件研发工作中成为卓有成效的个人贡献者和领导者的理念。本书值得所有工程师和 IT 管理人员仔细品读。

雷涛

北京华佑科技有限公司 CTO 兼首席咨询师

《高效能团队模式》译者

如何提升软件研发的效率，是软件工程师乃至 CTO 都需要时常思考的问题，有了这么多年的软件开发工作经历，我发现 10 倍效率的软件研发团队是真的存在的，10 倍的效率关键在于持续做正确的事，做从长期来看收益更高的事。本书几乎每个章节的建议都让我产生了强烈的共鸣。这些实践有一些我们已在熟练使用，有一些则是在尝试落地的过程中，还有一部分已经被我们产品化到软件工具里，帮助更多软件团队提升效率。

书中也引用了新近出现的明星软件团队作为例子，帮助读者快速理解实践的要领，如果你是一名软件工程师或一个软件团队的负责人，我非常推荐你阅读本书，找回那些可能被忽视的效率提升策略。

冯斌

ONES 联合创始人兼 CTO

　　如今的软件行业让人感到矛盾，它一边无比渴求聪明的新人为其夜以继日地奋斗，一边又悄悄划定年龄界限，快速向社会贡献旧日功勋。工程师的技术生命原本就如此短暂吗？但我们在身边总能找到一些"异类"，他们思维清晰，成长迅猛，声名卓著。在职业生涯中，无论是身处头部互联网企业，还是生机勃勃的初创公司，我总会积极地结识这样的异类并向其学习。我发现他们有着相似的思维方式和做事方法。一直以来，对他们的模仿以一种难以言表的形式影响着我，帮助我高效解决形形色色的技术和管理难题。让人欣喜的是，《卓有成效的工程师》这本书总结了这些高效思维方式和做事方法，使之成为人人都能理解和学习的元技能。工程师的职业生涯就是一场投资，无脑苦干无法跑赢技术生命加速折损的现实，只有选择高效的工作方式才能跳出怪圈，获得丰厚的收益。

任发科

工程极客

《管理 3.0：培养和提升敏捷领导力》译者

　　尽管《人月神话》出版已超过 40 年，以工时和代码行数来衡量工程师产出的情况依然大量存在于我们的行业中，项目延期随处可见，"码农""搬砖工"也成为了我们的自嘲词。究竟什么样的工程师才卓有成效？本书从"高杠杆率"的工作谈起，深入探讨了提高工作效率的各项关键策略，最终落脚于工程师文化的建设。本书不仅可以帮助工程师提升自己的工作效率，也为技术团队的管理者提供了许多建设团队的宝贵经验。

曲哲

凯捷中国数字化团队解决方案总监

中文版推荐序

管理一家专业软件服务公司是一门科学，也是一门艺术。

5 年前，我出任凯捷中国的首席运营官（COO），致力于发展一支数千人的专业顾问团队。我需要以"铁腕"的形象出现在团队面前，将公司里拥有独特见解的高智商专业人才凝聚在一起，使他们能够专注于公司的目标和战略。要做到这一点并不容易，它要求管理者在支持团队自治与保持独特的领导风格之间取得微妙的平衡。我必须关注众多方面：战略思考与组织架构设计，人才的招募、培养和留用，客户服务管理，运营的规划与监督。所有这些重要关注点的核心目标都应当与团队的发展方向一致，这是我做决策时所依据的锚点。

公司运营的环境是易变的，客户和专业人才在组织里进进出出，服务需求和偏好不断变化，这些因素的叠加，要求组织能够做出快速响应和调整，帮助团队在错综复杂的环境中聚焦于高价值的工作。《卓有成效的工程师》一书为此提供了一个核心框架，这个框架就是"杠杆率"。高效率的团队不会试图通过更长的工作时间来完成更多的工作。他们的工作方式卓有成效：将有限的时间集中在最有价值的工作上。

　　如何打造卓有成效的团队？组织的发展史向我们展示了一条清晰的脉络：让人的因素成为组织的核心。组织的敏捷性、适应力和自组织能力，最终都取决于人的自我驱动和自我激活。我与不同行业、不同企业的管理者有过思维的碰撞，经过相互交流与学习，我们一致认为，建设卓有成效的团队首先应当坚持以人为本。拥有卓越的人才，再通过激励士气、鼓舞人心，我们就能交付卓越的软件；拥有卓越的人才和卓越的服务，利润自然随之而来。帮助团队建立成长型思维模式，专注于高杠杆率的工作，创造更大的价值——这就是"以人为本"的真谛。

　　在职业生涯中，我们渴望抓住每一个机遇，每一个有助于团队达成更高目标的良机，因此我们不断学习，不断实践，不断进步。但在这个过程中，我常常会陷入思考：如何才能让团队在复杂的工作中找到乐趣？如何为更多的女性 IT 工作者提供更加友好的工作环境？如何能让我们的软件帮助更多人，尤其是弱势群体？得益于本书的启发，我们将聚焦于高杠杆率的工作，充分提高工作成效和影响力，进而最大化地加速自身发展与创新。

　　这本书不是一本包罗万象的团队成长指南，但它回归团队成长的本质——杠杆率分析，并以此串联起一套可落地的工作模式，引导读者将时间投资在成效更高的工作上。我深信对于广大读者，尤其是专注于企业管理和创新的人，本书都能提供高价值的思维启发和实践经验。希望本书在中国的出版能进一步激发管理学者和企业家们积极探索数字化时代管理模式的热情和勇气。

范琛

凯捷中国副总裁，首席运营官

译者序一

很荣幸参与翻译这本享誉国际的大作。

我一直致力于寻找到更好的软件研发模式，在研发效能备受关注的今天，很多的文章和话题讨论都在解决软件研发中"如何正确地做事"的问题，而"什么是正确的事"却很少有人回答。关于后者，直到遇到这本书，我才茅塞顿开。

每一本书都要回答一个核心问题，本书的核心问题是：作为一名软件工程师，在职业生涯中如何用有限的时间获得最大的成效？

作者给出了一个衡量工作成效的指标，那就是杠杆率。我们可以用杠杆率衡量做每件事花费的时间所产生的影响，杠杆率越高，工作成效就越大，反之就越小。它可以衡量软件工程师工作中的所有事情，小到开发工具与编程语言的选择，大到软件架构决策和工作岗位的选择。利用杠杆率，我们能从繁杂的工作中找出那些对整个职业发展最有帮助的事情，并减少低成效的投入。

更重要的是，杠杆率建立了一个理性的思维框架，我们可以基于这个框架在长期目标和短期任务之间权衡，避免盲目完成工作而偏离长期目标。这让我们无论处于职业生涯的哪个阶段，都能很有信心地面对未知的挑战。无论你是一线软件工程师还是架构师，都能从这个框架中获益。

本书分为三个部分，首先介绍杠杆率和成长型思维模式对软件工程师的重要作用，然后介绍在具体工作中如何应用这个思维模式，最后讲述在长期的职业发展中面对困难如何抉择以及推荐的原则。

我忘不了拿到这本书英文原稿的第一天，刚读到第 1 章就被深深吸引，完成第 1 章的翻译时已是深夜。当觉得自己的翻译速度不理想时，我决定先停下来，用一个周末通读英文原稿，记下其中的要点，以便在日后的翻译中保持连贯和一致性。

然而，后面的翻译过程并没有想象中那么顺利。一方面是原著作者旁征博引，在书中引用了很多其他著作的内容。为了保证翻译的质量，我找来这些书，并特意查证其中文版中某些术语的翻译。另一方面，为了营造出中文读者更习惯和容易产生共鸣的语境，我将本书介绍的工作方法应用到工作中，以寻找更符合本土实践的表达方式。

感谢本书的另一名译者万学凡老师在百忙之中翻译。我和学凡老师曾经在 Thoughtworks 武汉办公室共事过一年，对学凡老师卓有成效的工作方法印象深刻。他有丰富的咨询经验和深厚的文字功底，得益于他这样的强力搭档，本书精华才能充分呈现出来。

感谢我的爱人刘倩能够不厌其烦地听我一遍遍读译稿，并给出宝贵的修改建议。

感谢本书的编辑侠少和许艳对文字锱铢必较的追求，使得本书最终的版本流畅优美。

希望通过阅读本书，中国软件工程师都能卓有成效地工作。

顾宇

腾讯 T11 研发效能专家

译者序二

过去几年，我渐渐喜欢上翻译这件事。我常常为了一个词、一句话而反复推敲直至深夜；也经常守着一盏孤灯，字斟句酌地从原文的字里行间揣摩作者的深意。翻译的过程需要耐心、静心，需要深入地思考，更需要信守一份承诺——这份承诺既是对广大的读者的，亦是对译者自己的。

完成一本书的翻译是一件很有成就感的事情，尤其是产出一部高质量的作品。摆在我面前的这本《卓有成效的工程师》，描绘了一种迅捷、高效、积极、友善的工作方式。我第一次翻开它，就被书中的内容深深吸引。

如果，我们每天习惯于被"淹没"在无穷无尽的邮件与会议中，但又抱怨缺乏独立思考的时间；如果，我们每天疲于应对层出不穷的项目需求，不得不以长期加班来提高短期的产出；如果，我们每天都高度紧张地在不同任务间切换，却不着手汇聚集体智慧……我们就会与"卓有成效"渐行渐远。

那么，我们如何变得卓有成效？本书提供了一个极有价值的框架——杠杆率。所谓杠杆率，即单位时间内产生的价值（时间的投资回报率），价值的增加可以通过以下三种方式实现：

减少完成某项工作所需的时间。

增加该工作的产出。

转向更高杠杆率的工作。

这三个方式又可以转化为三个问题：

如何在更短的时间内完成这项工作？

如何提高该工作产生的价值？

是否有其他工作可以在当下创造更多价值？

这便是本书的精髓所在——杠杆率的思维模式。读完本书，我感到耳目一新，豁然开朗。

在过去的 10 年里，我的工作主要分为两方面。一方面是作为咨询顾问，在业务一线摸爬滚打，解决客户现场纷繁复杂的各种问题。记得我刚步入这个行业的时候，曾感到非常震撼：一家大型企业经营者所遇到的问题，竟然是一个仅有数名成员的小组来负责处理的。咨询顾问团队协作的速度之迅速、每个成员所负责的领域之广泛，以及涉及的各类问题的复杂性，都远远超出其他工作。另外一方面，作为团队负责人，我组建并管理着越来越庞大的数字化团队。团队管理和组织绩效是复杂的工作，它本身并没有成熟的套路，更没有所谓的银弹。这是因为我们身处的这个时代变化太快，而有些变化，人们还没来得及理解，就已经成为"过去时"。

咨询生涯给予我的最大收获，就是通过长期训练习得的总结与归纳的能力，比如在一周内学习全新的理论，在一天内提出行之有效的解决方案，在有限的 5 分钟内逻辑清晰、思维缜密地阐述观点。在这个过程中，不断地总结与归纳、分享经验、吸取教训，尽早且频繁地验证想法，就是杠杆率很高的工作。

在管理大型团队的过程中，我最大的收获，是一直被驱动着思考如何建设卓有成效的工程师文化。卓越的文化可以带来许多益处，软件工程师被赋能去完成更有价值的任务，这会让他们更快乐、更高效；而软件工程师快乐且高效地工作，反过来又使得员工留存率更高，工作成效更大。聚阳才能生焰，拢指才能成拳。为团队的成长投资，也是一项高杠杆率的工作。

虽然大众文化惯于将血汗和泪水当作荣誉勋章（我本人对此并不十分赞同），着力颂扬奋斗者、拼搏者，但正如本书所阐述的，总会有一种更从容的解决之道，让我们在工作中提高效率，在生活中更加自如。本书的翻译之旅让我欢欣鼓舞且受益匪浅。这难道不正是一件高杠杆率的事情吗？希望各位读者喜欢我们精心翻译的这本书，一起开启新的旅程。

万学凡

凯捷中国数字化团队总经理，首席咨询顾问

中文版审校者

@泰坦帕斯卡，现任瓦梁湖生态观察小队副队长，Vim 大师。《卓有成效的工程师》这本书讲的并不是新话题，名头却比在它前后面世的同类书要响得多，直到我完成第 1 章和第 4 章的审校，才逐渐明白个中缘由。

张伟斌，CSDN 博客专家，一个写作超过十年的技术博主，负责审校第 2 章。我是在职业生涯低谷期遇到这本书的，书中的内容让我找到影响我个人成长的问题，并帮助我稳步提升，直到走出职业低谷。

余佳宸，现任爱彼迎软件工程师，中国区日历与库存技术负责人。《卓有成效的工程师》在我初入职场时给了我很大帮助。作者结合自身经历，从多个方面阐述了软件工程师必须知道的软技能，启发了我对职业规划的种种思考。在对第 3 章的审校过程中，我见识了翻译所需知识之深度与广度，对译者的努力感同身受。

张元，在职程序员，负责第 5 章的审校。这本书能帮助初入职场的人快速养成良好习惯，让今后的职业生涯无比顺畅。

江以臣，软件工程师，就职于字节跳动，负责第 6、7、10 章的审校。本书非常全面地介绍了软件工程师如何提升效能，对每个工程师都有借鉴与学习的意义。

章凌豪，负责第 8 章的审校，现居美国，谷歌资深工程师。《卓有成效的工程师》是我最喜欢的一本书，可以说我的工作方式受到它很大的影响，而且我每隔一段时间重读都会有新的收获。

qodjf，负责第 9 章的审校，目前在亚马逊工作。《卓有成效的工程师》是一本很有实操意义的好书，非常适合用来指导日常工作，充分说明了好钢用在刀刃上才是最有效的职业发展模式。

推荐序

从斯坦福大学计算机科学专业毕业后，我的第一份工作是在谷歌担任产品经理。这份工作真的太棒了，同一间办公室的一些同事甚至编写过我的大学教材。在谷歌期间，我参与创建了谷歌地图，这至今仍然是我作为产品设计师和软件工程师最为自豪的产品。我还学会了如何在大型软件项目中富有成效地工作。离开谷歌并创办自己的第一家公司 FriendFeed 时，我已经成功交付过很多大规模的软件项目，对创业成功充满信心。

然而，在大公司担任产品经理与创办公司是截然不同的。首先，人们对你的评价方式不同。虽然从理论上讲，应该根据产品是否成功来评价产品经理的能力，但在实践中，大公司对产品经理的评判标准是他们管理与产品成果相关的人员及部门的能力，比如：产品经理是否在产品发布前给公关团队留有充分的沟通时间？产品经理是否将产品与首席执行官最为重视的项目关联起来？在企业高层评审之前，产品经理是否说服了该产品方向上竞争团队的负责人？在不像谷歌那么开明的软件公司里，人们更看重产品经理在处理这些内部政治问题上的能力，而不是产品方面的能力。

这就是为什么很多来自大公司的软件工程师和产品经理对于埃德蒙·刘（Edmond Lau）在《卓有成效的工程师》中谈到的"杠杆率"概念感到困惑。他们被"高效"地训练为关注那些低杠杆率的活动，因为训练他们的官僚组织重视这些活动并据此给他们奖励。在我的职业生涯中，与我合作过的最成功的软件工程师是少数几个能够洞察这些官僚主义特质，并认识到那一两个真正影响产品成功的要素的人。毫无疑问，保罗·布赫海特（Paul Buchheit）就是这样一位让我更加理解杠杆率作用的软件工程师。

保罗也是 FriendFeed 的联合创始人之一。在此之前他创建了Gmail，虽然我们在谷歌并没有太多的合作，但我们都很尊重彼此。他与吉姆·诺伊斯（Jim Norris）和桑吉夫·辛格（Sanjeev Singh）在 2007 年年中联手创办了一家公司。保罗比我认识的任何人都更愿意挑战传统思维，他彻底改变了我对软件工程和产品管理的观点。

每当遇到一个具有挑战性的技术难题时，我往往会问："我们应该如何解决这个问题？"而保罗的回答经常让我有点恼火："我们为什么要解决这个问题？"他并不会尝试解决那些看似无法解决的问题，而是经常去挑战这些问题背后的假设，这样我们就能简单地绕过它们，问题自然迎刃而解。尽管这种做法有时会让保罗看起来好像是在偷懒——因为不管项目难度有多大，保罗都会质疑项目的目的——但他的质疑几乎总是正确的。除非这个项目注定会成就或者摧毁我们这家新生的公司，否则为什么要将宝贵的资源投在它上面呢？

与保罗一起共事的经验向我证明，在软件工程中更重要的是杠杆率，而不是编程技能。我开始将这个经验应用到之后的所有工作中。当 FriendFeed 被 Facebook 收购后，我成为 Facebook 的首席技术官，我花在取消项目上的时间与创建项目的时间一样多。2012 年，我与凯文·吉布斯（Kevin Gibbs）创立了 Quip 公司。我们非常强烈地意识到，工作的成效与工作的时长无关，因此我们公司非常自豪地采用了硅谷公司闻所未闻的"朝九晚五"文化。

　　我热爱硅谷的文化，我喜欢看到年轻的软件工程师像资深专家一样对行业产生巨大的影响，我欣赏我们的行业每十年重新定义一次自己的方式，但我也认为无止尽的加班是不必要的，而且它正在被这个行业中低成效的管理者所滥用。除了没必要，加班也是阻碍人们选择软件工程师作为长期职业的主要原因之一：这样的工作方式对有家庭的人来说是不可持续的，并且在那些普遍采用加班文化的公司中营造了一种同质化的、不成熟的工作环境。

　　很高兴埃德蒙选择写这本书，因为我认为，如果人们接受"聪明地工作"而不是"辛苦地工作"的理念，那么硅谷对于管理者和软件工程师来说都会是一个更美好的地方。这个理念既不违反直觉，也不难以实践，但很少有人这样做。我希望能有更多的人接受埃德蒙的理念，这会使他们的公司和事业更加成功。

布雷特·泰勒（Bret Taylor）

Quip 公司首席执行官

前　言

在创业公司工作的头几年是我职业生涯中最漫长的几年。那是一段无情磨砺自己的时光，其间我经历了个人的迅猛成长和无数的情绪"过山车"。我和团队基本上每周的工作时间都在 60 小时以上，而且有几个月我们每周要苦干 70 到 80 小时。我会在办公室开始一天的工作，利用午餐时间与团队开会，晚饭后继续在家工作——有时甚至会在办公室工作到深夜。即使在假期里探亲访友时，我也会挤出时间在笔记本电脑上编写代码和回复电子邮件。

毕竟，创业公司的性质意味着我们在与强大的竞争对手的较量中处于劣势。工作越努力，创造的价值就越大，创业成功的可能性就越大，我当时就是这么认为的。

但一些经历让我不得不反思这个观点。我曾用两周时间开发了一个分析模块，但客户却从未使用过；我和团队花几个月时间调整并完善了一些提高网站内容质量的工具，但用户并没有采用。我们的产品每周都会经历流量洪峰，以及随后数小时的服务器连续重启。甚至有一次，我在夏威夷的莫纳罗亚火山徒步旅行时收到短信，被告知客户分析报告的生成系统瘫痪，问我能否看看是什么情况。

我坚持长时间的工作是希望工作能产生有意义的影响力。但我忍不住想弄清楚：每周工作 70 到 80 小时真的是确保创业公司成功的最有效方式吗？我们的初衷是好的，但能否更聪明地工作？是否可以缩短一些工作时长，但获得同样的甚至更大的影响力？

在接下来的几年里，我逐渐认识到，延长工作时间并不是增加工作成果的最有效方法。事实上，工作时间过长会导致工作效率降低并产生职业倦怠。当需要修复由于加班和疲劳所导致的错误时，工作产出甚至可能为负数。

要成为卓有成效的工程师，我们需要识别哪些工作能以更少的时间产生更大的影响力。并非所有的工作都能产生相同的影响力。并非所有的努力——无论本意如何——都能转化为影响力。

怎样成为卓有成效的工程师

如何衡量一名软件工程师的工作成效？是看他的工作小时数，付出了多少努力，还是完成的任务量？一位勤奋的软件工程师把所有精力都投入到一个进度延迟且无人使用的功能的开发中，当一天的工作结束时，他并没有产生多大成效。我曾经就是这样的软件工程师，我所认识的很多优秀的工程师也遇到过同样状况。

十多年来，我在许多科技公司做过软件工程师，包括微软、谷歌、Ooyala[①]、Quora[②]和 Quip[③]。在此期间，"怎样才能成为卓有成效的工程师"这个问题一直萦绕在我的脑海。我想提升自己工作的影响力，但每周工作 70 到 80 小时的状态是不可持续的。所以我开始寻找能够事半功倍的工作方法。

其他人也提过这个问题，特别是在招聘中。我有幸参与了培养工程团队的工作。在这段经历中，我筛选了数千份简历，并面试了 500 多位候选人，和同事讨论每个候选人的优缺点。每次面试讨论结束时，我们都要做出判断：这个人是否会成长为团队中强有力的贡献者，并高效地完成工作？

我还设计了软件工程师的入职流程和指导计划，并亲自培训了几十名新入职的软件工程师。我所指导的人不可避免会向我咨询：如何工作才会更有成效？找到这个问题的答案，并把技能传授给他人，一直是我孜孜以求的目标。在寻找答案的过程中，我与几十位软件工程领域的领导者进行了深入的交谈。同时，我在过去的几年中花费大量时间阅读了关于生产力、团队建设、个体心理学、商业和个人成长的书籍，尽管这些书大多数并不是针对软件工程师的，但我也从中提炼了一些方法，并进行实验，把它们应用到软件工程场景中。

还有很多提升工作成效的技巧有待学习。但我在自己学习的过程中总结出一个强大的框架，可以用来分析、推断任何工作的有效性。我很高兴能在《卓有成效的工程师》中与大家分享这个框架。这本书研究并说明了如何成为一名卓有成效的工程师，它是我所学到的关键经验和教训的提炼与总结。更为重要的是，它提供了一些

---

① 译注：一家提供在线视频托管服务的公司。
② 译注：一个在线问答平台，类似于知乎。
③ 译注：Salesforce 推出的在线办公协作平台。

可实施且经过验证的策略作为框架的补充，大家可以立即应用这些策略来提高工作的成效。

究竟如何才能成为卓有成效的工程师呢？在直觉上，我们对于哪些工程师能称得上卓有成效有这样一些认知：他们能圆满完成工作；他们能交付用户满意的产品，推出客户愿意付费的功能，构建提高团队生产力的工具，以及部署有助于公司业务扩展的软件系统。卓有成效的工程师会创造出这样的工作成果。

但如果花太长时间来完成这些任务，工程师的效率就可能会被质疑。他们可能很努力，但我们会认为那些使用更少的时间和资源，但取得同样成果的人更有成效。因此，卓有成效的工程师还需要能够高效地完成工作。

然而，效率本身并不能保证成效。假设一位工程师为一个最多只有一百人使用的工具，构建了可以支撑数百万次访问请求的基础设施，那么他的工作成效就很有限。如果一位工程师构建的某个功能只被 0.1%的用户采用，而其他功能的使用率可能高达 10%，那么他也算不上卓有成效——除非这 0.1%的用户带来了超乎寻常的、巨大的商业价值。卓有成效的工程师专注于价值和影响，他们知道选择交付哪些工作成果会更有成效。

因此，卓有成效的工程师是由他们在单位工作时间内创造的价值来定义的。这就是杠杆率，这个概念贯穿全书，我们将在第 1 章中介绍。

你将从这本书中学到什么

尽管这是一本写给软件工程师的书，但你在书中找不到一行代码。关于不同的软件技术、编程语言、软件框架和系统架构的书和文章比比皆是。然而，技术知识只是卓有成效的工程师必备技能的一小部分。

相对于效率而言，更为重要但往往容易被软件工程师忽视的是元技能。这些技能帮助我们将有限的时间和精力集中在那些成效更高的工作上。本书将详细介绍这些元技能。我向大家承诺，读完本书后你就会得到有一个非常实用的框架，这个框架就是"杠杆率"，它可以帮助我们分析不同工作的影响力。我们可以用本书介绍的实操方法来提高工作影响力，并深入了解软件工程中浪费我们宝贵时间和精力的常见陷阱。

我从自身的经历、与其他工程师的交谈以及对生产力和心理学相关的科学研究中掌握了这些技能。但在本书里出现的远不止我自己的故事。我还采访了硅谷科技公司的高级软件工程师、经理、董事和副总裁，从他们的经历中提炼出提高成效的秘诀。你会读到他们的故事——他们所采用的最有价值的工作方法，以及曾经犯过的最昂贵的错误。尽管每个人的叙述方式都各不相同，但包含了许多相同的主题。

在第 1 章中，你将了解为什么杠杆率是度量软件工程师成效的标准。在接下来的每一章中，你都会发现一个卓有成效的工程师提升杠杆率的工作技巧，以及对应的研究、故事和示例。你将了解Instagram 的联合创始人迈克·克里格（Mike Krieger）遵循了什么样的关键软件工程原则，使一个 13 人的小团队高效地扩张，并为一个拥有 4000 万用户的产品提供支持；还将了解 Facebook 前主管鲍比·约翰逊（Bobby Johnson）在其基础设施工程团队中培养的关键习惯，帮助他支撑 Facebook 这一社交网络的用户数量增长到 10 亿以上。你会听到更多来自谷歌、Facebook、Dropbox、Box、Etsy 及其他顶尖科技公司的人物的故事，他们分享了关于自己如何成为更有成效的个人贡献者和领导者的理念。忽视这些思维习惯往往会导致惨痛的教训，因此你还会读到一些这样的血泪故事。

　　本书的主题分为三个部分[①]。第一部分描述了帮助我们更严格地推理以及提高成效的思维模式。首先概述了采用杠杆率的思维模式（第 1 章），然后展示了优化学习方式（第 2 章）和定期调整优先级（第 3 章）如何使我们加速成长并充分利用时间。很多工程实践都是围绕"执行"展开的，第二部分将深入探讨持续提升执行力并取得工作进展的关键策略：提升迭代速度（第 4 章），正确度量改进目标（第 5 章），尽早且频繁验证想法（第 6 章），以及提升项目估算能力（第 7 章）。卓有成效的工程师不是短期投资者，因此第三部分将转换角度，研究创造长期价值的方法。我们将学习如何在质量和务实之间取得平衡（第 8 章），最小化运营负担（第 9 章），以及为团队的成长投资（第 10 章）。

　　无论你是想增加对世界的影响，更快获得晋升，减少在无意义工作上浪费的时间，还是想在不影响工作成果的情况下节约工作时间，本书都会提供你所需要的工具。本书不是包罗万象的个人全面成长指南，但它提供了一个通用的框架——杠杆率，以此来引导大家将时间投资在成效更高的技能上。我对教学和指导充满热忱，很高兴能与大家分享我所学到的东西。

----

① 编者注：特别提醒，关于原书文后的参考文献，请通过本书封底的"读者服务"获取。中文版仅保留正文中的参考文献尾注编号，以便读者根据编号查找。

目 录

第一部分 树立正确态度

第二部分 执行，执行，再执行

第三部分　构建长期价值

第一部分　树立正确态度

1

聚焦高杠杆率工作

在短短三个月的时间里，Quora 研发团队的规模就翻了一番。我们这家创业公司拥有一个宏大的愿景：建立一个供全世界分享知识、增长见闻的问答平台。为了构建这个互联网上的"亚历山大图书馆"①，我们需要招聘更多的工程师。于是，14 名新入职的工程师在 2012 年夏天挤进了位于加州帕洛阿尔托市中心汉密尔顿大道 261 号二楼的一间小办公室里。即使装修工人推倒了三面墙来扩大办公空间，也难以容纳所有人的办公桌。

我与 Quora 的两位联合创始人之一查理·切沃（Charlie Cheever）曾多次会面，为大量新员工的涌入提前做准备。我主动请缨负责新聘工程师的入职工作，所以需要设计出可以帮助每个新员工迅速上手的团队计划。如何在产品每天多次部署到生产环境的情况下确保不中断服务？如何在大量新员工不熟悉代码库设计和规范的情况下保持代

---

① 译注：亚历山大图书馆始建于公元前 3 世纪托勒密王朝初期，是当时世界上最大的图书馆。

码的高质量？如何确保新员工工作富有成效，不会因为迷茫而止步不前？寻找这些问题的答案毫无疑问偏离了我开发软件的常规职责，但却令我非常振奋，因为我清楚地知道有效培养新入职工程师将比我个人编写代码能产生更大的成效。这将直接影响工程团队的半数成员在最初几个月里能够完成的工作量。

我研究了其他公司的入职培训计划，并与这些公司的工程师们一起探讨哪些做法可行、哪些不可行。在团队其他成员的支持下，我为Quora 新入职的工程师制订了一份标准的培训计划：每位工程师都要与一位导师结对工作两到三个月，在此期间由导师负责其工作绩效。导师的任务包括：代码审查、制订学习计划、结对编程、讨论设计上的取舍、确定工作优先级，以及就如何与不同团队成员合作提供指导等。导师们还安排了一系列启动任务和项目，以提升新员工对系统的掌握程度。

为了确保新入职的工程师可以在一个共同的基础上起步，我还创建了一份入职培训计划，内容包括一系列共 10 个经常性的技术讲座和 10 个 codelab。codelab 是我从谷歌借鉴而来的一个创意，它用一系列文档来说明产品中的核心抽象是如何设计、如何使用的，以及如何浏览相关代码，同时提供练习来验证工程师对这些核心抽象的理解。通过技术讲座和 codelab，我们向新员工阐述了产品代码库与工程重点领域的概况，并教授新员工如何使用我们的开发调试工具。

这些努力获得了回报，那年夏天许多新员工在第一周结束时就能成功提交他们修复的第一个 bug 或是交付产品的小功能，其他新员工也在不久后就提交自己的第一次变更。在那几个月里，我们发布了一个新的 Android 应用、一个内部分析系统、一个更好的产品内部推荐系统，并改进了我们产品的智能排序，等等。我们的代码质量一直维持在很高的水平，导师们会定期碰面，探讨如何使新员工的入职流程更加顺利。即使在我离开 Quora 后，仍然有几十名新工程师继续接受这些入职培训[1]。这是我们对工程团队所做的杠杆率最高的两项投资。

　　在本章中，我们首先将定义什么是杠杆率，并解释为什么它是衡量工作成效的标准；然后对提高工作杠杆率的三种方法进行论证；最后，讨论为什么将精力投在杠杆点而非易于完成的工作上，才是提高我们自身影响力的关键。

使用杠杆率衡量工作成效

　　为什么 Quora 的工程师要花如此多的精力指导和培养新人？他们每个人都有很多其他的工作要做，比如设计原型、构建功能、发布产品、修复 bug，以及管理团队等。为什么他们不专注于这些工作呢？换句话说，考虑到手头上亟待完成的数百项工作任务，我们应该如何权衡才能更有效地实现目标？

　　回答这些问题并确定不同工作优先级的关键是评估它们的杠杆率。杠杆率由一个简单的公式决定，就是单位时间的投入所产生的价值或影响：

$$杠杆率 = 产生的影响/投入的时间$$

　　换句话说，杠杆率就是时间的投资回报率（ROI）。卓有成效的工程师不会试图通过工作更长的时间去完成更多的工作。他们的工作方式很高效：将有限的时间投入到最有价值的工作上。他们会努力增大公式中的分子，同时保持分母不变。因此，杠杆率是衡量工作效率的标准。

　　杠杆率至关重要，因为时间是最有限的资源。与其他资源不同，时间无法存储、扩展或替代 [2]。无论你的目标是什么，都无法摆脱时间的限制。也许你是产品工程师，要判断解决哪些问题才能最大限度地提高产品对用户的影响；也许你是基础架构工程师，要考虑下一步应该处理哪个扩缩容问题；也许你是个工作狂，喜欢每周在办公室里敲 60 到 70 小时代码；也许你是蒂莫西·费里斯（Timothy Ferris）"4-Hour Work Week"（每周工作 4 小时）网站[①]的读者，每周只想投入最少的工作时间以保持生活品质。无论从事什么工作，你一定会在职业生涯的某个时刻意识到要完成的工作要比可用的时间多，这时就需要调整工作的优先级了。

另一种对杠杆率的常见解释是帕累托原则或 80-20 法则——对于大多数工作而言，80%的产出源于 20%的工作 [3]。这 20%的工作就是高杠杆率的工作，即投入相对少的时间产生远超正常比例的巨大影响。

卓有成效的工程师会将杠杆率公式作为核心指导标准，用来决定做哪些工作以及如何工作以更有效地利用时间。古希腊数学家和工程师阿基米德曾宣称："给我一个支点和足够长的杠杆，我就能撬动地球。"[4]依靠自身的力量撬动一块巨石很困难，但只要有足够强大的杠杆，我们几乎可以撬动任何东西。高杠杆率的工作与此相似，能让我们充分利用有限的时间和精力，产生更大的影响力。

了解了杠杆率原理，就很容易理解为什么 Quora 的工程师要花时间辅导和培训新入职员工了，这是高回报率的典型案例。一名软件工程师通常一年的工作时长为 1880 至 2820 小时 [5]。如果在员工入职的第一个月每天投入 1 小时培训，那就是 20 小时，乍看之下确实是一笔巨大的时间投资，但这其实只占新员工第一年总工作时间的 1%左

---

① 译注："4-Hour Work Week"是蒂莫西·费里斯的网站，他也出版了同名图书。

右。创建像 codelab 这样的可以重复利用的资源能够获得更高的回报，并且在前期投入以后几乎不需要再维护。

此外，这 1%的时间投资会对剩下 99%工作时间的生产力和工作效率产生非常大的影响。一条有用的 UNIX 命令可能在日常工作上节约数分钟或数小时；先用调试工具排查一遍代码可以大大缩短每个新功能的开发周期；尽早进行彻底的代码审查可以发现常见的错误，避免以后不断处理同类问题，并防止养成不良的编程习惯。教会新员工权衡需要完成的项目与需要学习的技能的优先级，可以轻松提高他的工作效率。良好设计的启动项目会向工程师传授核心抽象的原理和基本概念，从而改进他的软件设计并减少日后的维护需求。

初创公司的成功更多取决于整个团队的成功，而不是工程师个体的成就，因此尽快培养出合格的工程师就是杠杆率最高的工作之一。

提高杠杆率的三种方式

在《格鲁夫给经理人的第一课》一书中，英特尔前首席执行官安德鲁·格鲁夫（Andrew Grove）指出，整体杠杆率即单位时间内产生的价值，只能通过以下三种方式增加：[6]

1. 减少完成某项工作所需时间。

2. 增加该工作的产出。

3. 转向杠杆率更高的工作。

将这三个方式转化为三个问题，可以用来评估我们正在进行的工作：

1. 如何在更短的时间内完成这项工作？

2. 如何增加该工作产生的价值？

3. 是否有其他工作可以在当下创造更多价值？

一名软件工程师的产出可以通过多种方式来衡量，包括所发布产品的数量、修复 bug 的数量、用户转化率和招聘工程师的数量，以及产品质量排名的提升、对公司盈利的贡献及其他指标。个人的总产出是各项工作产出的总和。在一个普通的工作日里，软件工程师的工作可能包括参加会议、回复电子邮件、调查 bug、重构旧代码、开发新功能、审查代码变更、监控指标、维护生产系统、面试新员工等。

然而，花费一天的时间来完成这些不同的工作并不表明这一整天都在创造价值。如图 1-1 所示，每项工作都有不同的杠杆率，可以用工作的产出除以完成该工作所花的时间来衡量。有些工作具有较高的杠杆率，如实现功能要求、学习一种新的测试框架或修复一个重要的bug；而浏览网页或回复电子邮件等工作可能占用同样多的时间却没有产生足够大的价值，所以杠杆率较低。

为了提高每项工作的杠杆率，我们可以用前面三个问题对自己提问。每个问题都会帮助我们找到不同的改进方法。例如，你要召开一个时长为 1 小时的会议，和团队一起回顾某个项目的进展。你可以通过以下三种方式提高会议的杠杆率：

1. 将会议时长设置为半小时，而不是 1 小时，以便在更短的时间内完成同样的工作量。

2. 为会议准备一份议程并设立一组目标，在会前分发给与会者，使会议上的讨论更加集中且更有成效。

3. 如果没有必要召开线下会议，就用电子邮件来代替，原本用于会议的时间可以用来构建某个重要的功能。

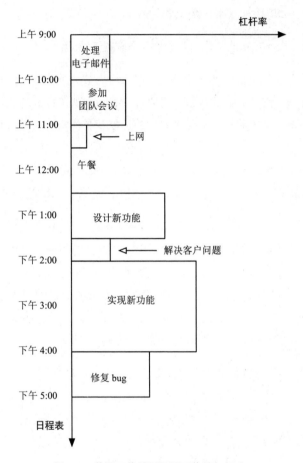

图 1-1：普通工作日里不同工作的杠杆率

　　如果你是一名产品工程师，准备为公司的旗舰产品开发一个面向客户的新功能，可以通过以下方式提高开发时间的杠杆率：

1. 把开发或测试过程中人工完成的工作部分自动化，以便更快地迭代。

2. 根据任务对所发布产品的重要性确定其优先级，从而使最终发布的产品的价值最大化。

3. 与客户支持团队交流，深入了解客户最大的痛点，并利用这些痛点信息开发一个新功能，以更少的投入产生更大的价值。

如果你是一名性能工程师，负责诊断并修复网络应用程序中的性能瓶颈。当产品团队推出新产品和新功能时，应用程序的性能可能会下降，你的职责是保持或者优化应用程序的性能指标。可以提高杠杆率的方法包括：

1. 学习使用性能诊断工具，以减少识别每个应用性能瓶颈所需的时间。

2. 统计每个网页的性能和访问频率，以便优先优化访问量最高的页面的性能，从而增强每项性能优化措施的作用。

3. 与产品团队合作，从一开始就设计高性能软件。在产品开发过程中将应用程序的速度作为一项优先考虑的性能，而不是一个待修复的 bug。

这些例子表明，不管你做什么工作，上述三种方法都可以提高时间利用率。当你成功地缩短了某项工作所需的时间，扩大了它的影响，或者转移到杠杆率更高的工作上时，你的工作效率就提高了。

将精力投入杠杆点，而非易于完成的工作

作为工程师，我们的工作状态往往是"时间紧，任务重"。当你阅读本书时，要时刻牢记这句话：专注于高杠杆率的工作。这是我职

业生涯中学到的最有价值的一课。

　　然而，不要将高杠杆率的工作与易于完成的工作混为一谈。正如杠杆省力的原理是要有较长的力臂一样，许多高杠杆率的工作也需要持续很长时间才能有较大的成效。Facebook 早期的工程总监、Reddit 前首席执行官黄易山（Yishan Wong）向我讲述他在 Facebook 最自豪的成就时，就强调了这一点。[7]

　　Facebook 拥有浓厚的招聘文化，员工认为自己是高招聘标准的守护者，招聘是经理和工程师的头等大事。但最初情况并非如此。当黄易山在 2006 年年底首次进入 Facebook 担任管理职位时，工程师们认为参与招聘和面试会分散他们精力[8]，这种态度在许多公司里都很常见。在某种程度上，所有人都知道招聘的重要性，但将其落实在行动上则是另一回事。

　　黄易山不得不逐渐施加压力来改变这种普遍的思维，让大家将招聘视为一种必备的工作技能。当工程师们问到如何确保被录用的都是优秀的人时，黄易山会告诉这些人，这正是他们的工作。同时，因为招聘是优先级最高的工作，所以工程师们无法跳过面试去做其他工作；而且他们被要求立即提交面试反馈，而不是数小时或数天后再提交。当招聘人员需要安排面试时，黄易山会强迫他们把面试安排在"尽可能早的第一时段"：[9] 明天 9 点才能面试？早上 8 点怎么样？下午才有空？下午 1 点怎么样？黄易山建立了一种文化，面试者即使被拒绝，也仍然希望能在 Facebook 工作。在他任职的四年里，对招聘速度和质量的执着成为 Facebook 的竞争优势之一。当其他行动迟缓的公司还在面试流程中磨蹭时，Facebook 已经完成了对候选人的面试。

　　建立浓厚的招聘文化并不是一朝一夕的事情，这是一项高杠杆率工作，需要多年的持续投入。一旦有高手加入公司，就更容易吸引更多的高手加入。很明显，如果没有对招聘流程的重视，Facebook 不可能获得这样巨大的成功：成为一家拥有 9000 多名员工、市值 2220 多亿美元的明星公司。[10]

　　你的公司可能没有这么大规模，但杠杆率的概念对你同样有效。不仅卓有成效的工程师使用杠杆率，世界上最成功的人士也在用。例如，微软的前首席执行官比尔·盖茨（Bill Gates）退休后，开始将时间和精力集中在如何将数十亿美元最有效地投资于慈善事业上。即使比尔及梅琳达·盖茨基金会管理的资金达到了 402 亿美元的规模，也仍然远远不足以解决世界上所有的问题。[11]盖茨在 2013 年 11 月《连线》上的一篇文章中写道："在价值数十万亿美元的全球经济体系中，任何慈善事业都显得微不足道。如果想要产生巨大的影响，你需要一个杠杆点——投入 1 美元的资金或 1 小时的时间，就能产生百倍或千倍的社会效益。"对盖茨来说，这些杠杆点包括为麻疹和疟疾疫苗提供资金，每一剂疫苗的成本不到 25 美分，但这项工作却拯救了数百万人的生命。[12]

　　同样，软件工程也有自己的一整套杠杆点。本书不能代替你用心思考工作中的杠杆点，但它可以帮助你更快找到这些杠杆点。接下来的每一章都会介绍卓有成效的工程师提升杠杆率的一些工作习惯，并通过科学研究、业界故事和具体案例辅助说明。你将了解为什么每个工作习惯的杠杆率能够充分证明对其进行时间投资是合理的，还会学习将这些习惯融入工作的具体实践技巧。充分利用这些杠杆点会有助于你将工作中付出的时间和努力转化为更有成效的影响力。

本章要点

- ⊙ 利用杠杆率来衡量工作成效。专注于时间投资回报率最高的工作。

- ⊙ 系统性地提高杠杆率。想办法更快地完成一项工作，扩大工作的影响力，或者转向杠杆率更高的工作。

- ⊙ 把精力集中在杠杆点上。时间是最有限的资产。探索那些产生巨大影响的工作习惯。

2

精益求精，优化学习方式

一具霸王龙骨架守护着谷歌硅谷总部的 GooglePlex 园区。它矗立在沙滩排球场旁，紧挨着它的一栋建筑物里存放着"太空船一号"的复制品，这架飞机完成了首次私人载人太空飞行。园区内散布着桌上足球、乒乓球桌、电子游戏机、攀岩墙、网球场和保龄球馆等设施，甚至还有一个色彩鲜艳的波波球池。精心布置的小厨房里有各种饮料和零食，18 间小餐厅提供各种美食，保证谷歌的员工们有充足的营养。

2006 年夏天，我从麻省理工学院毕业，在谷歌搜索质量团队找到了一份工作，然后惊喜地发现这是一家游乐园一般的梦幻公司。对于一个好奇且积极的 22 岁年轻人而言，在谷歌工作的乐趣远不止这些令人惊叹的设施，它同时也是一个智力乐园。

这里到处都是令人兴奋的新鲜事物，我如饥似渴地沉浸在所有能触及的知识之中。我快速浏览了谷歌的 codelab，这些文档解释了为什么要开发 Protocol Buffers[1]、BigTable[2] 和 MapReduce[3] 等核心抽象，并描述了它们的工作原理。我阅读了内部维基和设计文档，了解谷歌

最先进的搜索、索引和存储系统背后的原理和内部架构。我学习了
C++、Python 和 JavaScript 的编程指南，它们都是从谷歌的资深工程
师们几十年来集体经验和最佳实践中萃取出来的，浅显易懂。我还在
谷歌早期传奇人物杰夫·迪恩（Jeff Dean）和桑杰·格玛沃特（Sanjay
Ghemawat）编写的源代码库中探索，并参加了几场著名架构师的技
术讲座，比如设计 Java 核心库的约书亚·布洛克（Joshua Bloch）和
Python 语言的创造者吉多·范罗苏姆（Guido van Rossum）。

在谷歌开发软件的确是一场激动人心的冒险历程。我和两个同事
在谷歌主页上创建并发布了搜索建议，这个功能每天可以帮助数千万
乃至数亿人改写他们的搜索条件，获得更满意的搜索结果。借助谷歌
庞大的数据中心的支持，我们在数千台机器上编排 MapReduce 作业
来构建数据模型。一天晚上，在与时任搜索产品副总裁的玛丽莎·梅
耶尔（Marissa Mayer）开会之前，我们三人一起凑出来一个可以运行
的演示样板，为我们的第一次实时流量实验向公司申请初始批准。几
周后，当我们向谷歌的联合创始人拉里·佩奇（Larry Page）和谢尔
盖·布林（Sergey Brin）演示我们的指标及功能，申请最终的发布批
准时，我们每个人都既紧张又兴奋。对于我们这样的小团队来说，在
短短的 5 个月内构建并推出一个完整的功能绝对是非常难忘的经历。

谷歌提供的其他福利也是别的公司难以匹敌的。除了免费的食
物、园区健身房和现场按摩外，谷歌的工程师每年都可以享受公司提
供的旅行福利，比如去斯阔谷滑雪场和迪斯尼乐园。我的搜索团队甚
至曾经得到过全额免费的毛伊岛旅行福利。这样的生活简直太美妙了。

然而，尽管如此，两年后我还是离开了谷歌。

意识到谷歌不再能为我提供进一步的学习机会时，我离开了。在
谷歌的最后两年，我的学习曲线已经趋于平稳，同时我意识到自己可
以在其他地方学到更多知识。我已经读完了公司里大部分感兴趣的培

训材料和设计文档，而像之前那一次在 5 个月内构建并发布一个完整新功能的激动人心的经历再也没有出现过。在规划如果留在谷歌多干一年还能达成什么目标时，我感到很沮丧。我知道是时候开始下一次冒险了。

离开谷歌之后，我在硅谷两家快节奏的初创公司 Ooyala 和 Quora工作了 5 年。在每一次岗位的变化中，我都对学习进行了充分优化，让自己在专业和个人能力方面都不断进步，比我继续留在 GooglePlex园区的舒适环境中所能获得的进步更大。虽然谷歌可能是世界上少数几个可以同时让我从事大规模机器学习、自动驾驶汽车和可穿戴设备项目的公司之一，这些项目吸引了许多才华横溢的工程师，但离职后我也找到了一些难得的机会，可以与才华出众的人一起培养优秀的工程师团队，塑造公司文化，从头开始打造数百万人使用的产品。如果我继续留在谷歌，就很难得到这些机会。优化学习方式这条信念指导了我的大部分工作，而我从来没有为自己的决定后悔过。

对于卓有成效的工程师来说，优化学习方式就是一项高杠杆率的工作，本章将深入探讨其中的原因。我们将介绍为什么培养成长型思维模式是提高个人能力的先决条件；了解学习的复利效应以及对学习速率进行投资的重要性；讨论找工作或更换团队时应该考虑的 6 个关键要素；介绍充分利用工作中的学习机会的实用技巧；最后，我们将推荐一些即使在工作之外也能运用的持续学习策略。

培养成长型思维模式

毕业几年后，我仍然总是和几个大学密友交往。我是一个内向的人，尽管我很乐意扩大社交圈，但确实不善于结识新朋友以及和他们寒暄聊天。我更喜欢与熟悉的人交谈。我拒绝与不认识的人一起喝咖啡，远离大型聚会，不参加社交活动，因为这些都让我感到不自在。然而，后来我意识到，回避社交活动对于结识新朋友非常不利（真是没想到啊），而且这种状况并不能自行改善。

　　因此有一年，我就像金·凯瑞在电影《好好先生》中扮演的角色一样，下定决心参加被邀请的或是碰巧遇到的所有社交活动：我出现在全是陌生人的聚会上，和网上认识的人一起喝咖啡。最初的好几次活动都以尴尬的沉默和难以持续的聊天告终。有时候我花好几个小时去参加一些社交活动，离开时却没有与人建立起任何有意义的联系。然而，我还是坚持了下来。如果我搞砸了一次谈话，就会反思该如何做出更机智的回应，并在下一次谈话中改进。我努力练习讲更好的故事，因为我坚信，成为有魅力的健谈者是一项可以习得的技能，并且随着时间的推移我会越来越熟练。那一年是我重塑自我的一年，我不仅结识了很多好朋友，拓展了人脉，而且还扩展了自己的舒适区。尽管还很多方面有待提升，但我已经明白，和其他许多技能一样，与陌生人对话的技能可以通过努力练习而获得更大改进。

　　那一段经历与软件开发没有太多关系，但它表明了正确的思维模式对于提升技能的影响。如何看待自己的智力、性格和能力，会深刻地影响我们的生活方式，并且在很大程度上决定了我们是原地踏步，还是向目标大步迈进。这也是斯坦福大学心理学家卡罗尔·德韦克（Carol Dweck）在其著作《终身成长》（Mindset）中得出的结论，书中总结了她 20 年来对人们的自我认知和信念的研究 [4]。她的发现与我们工程师也密切相关，因为看待自身效率的方式也会影响我们在提升效率上的投入。

　　德韦克发现，人们会采用两种思维模式中的一种，而思维模式又决定了人们看待努力和失败的态度。采用固定型思维模式的人坚信

"人的能力是先天注定的"，他们认为自己的智力是与生俱来的——不管聪明或是不聪明，都是后天无法改变的。如果某件事情失败了，就表明他们不够聪明。所以，这类人坚持做自己擅长的事情，也就是那些能够验证他们智力水平的事情。他们很容易早早就轻易放弃，而这进一步让他们认为自己的失败是因为能力不足而非不够努力。相反，那些采用成长型思维模式的人相信，通过后天的努力可以培养、提升自己的智力和技能。他们起初可能在某些领域缺乏能力，但他们把挑战和失败视为学习的机会。因此，他们在通向成功的道路上不大可能轻言放弃[5]。

思维模式会影响人们把握住提升个人能力的机会。在香港某所大学进行的一项研究中，因为所有的课程都采用英语授课，德韦克为用英语授课有困难的教师提供了一个报名参加英语补习班的机会。在询问这些教师是否认可"智力水平的高低是固定的，人力无法改变"这样的说法后，她将教师分为固定型思维模式和成长型思维模式两组。值得注意的是，73%成长型思维模式的教师参加了这个补习班，而固定型思维模式的教师中只有13%的人参加[6]，这是很直观的数据。毕竟，如果他们相信自己的智力水平是固定不变的，为什么还要浪费时间和精力去尝试注定失败的学习机会呢？另一项研究是对纽约市公立学校的两组7年级学生进行比较。一组学生参加了一门关于智力的本质以及如何通过经验和努力学习来提高智力的课程，他们的数学成绩在这一年里均有所提高。对照组学生没有参加这门课程，数学成绩则下降了[7]。其他几项研究也证实了这一模式：相较于那些拥有固定型思维模式的人，成长型思维模式的人更愿意抓住机会努力提升自己。[8,9]

这项研究提醒我们，作为工程师，我们所采取的思维模式极大地影响着自己是奋力学习并成长，还是任由自身技能水平停滞不前。是将自己的技能视为无法控制的固定值，还是通过努力和付出来提升自我呢？

那么，我们如何建立成长型思维模式呢？Box 公司的软件工程主管塔玛尔·贝尔科维奇（Tamar Bercovici）给新员工的建议是"掌控自己的经历"。Box 公司曾帮助超过 20 万家企业在线共享和管理文件，而贝尔科维奇在短短两年时间里就从普通的工程师晋升为这家公司的软件工程主管。在 2011 年加入 Box 的 30 人工程团队之前，贝尔科维奇甚至没有任何全职的 Web 开发工作经验。虽然她拥有以色列大学的理论数学专业背景，但工程部面试官认为她并不热爱编程，博士学位也几乎没有什么实际优势，而且她对软件工程的了解也不足以迅速提升她的编程水平。

固定型思维模式的人会从这些面试评价中得出结论，认为她应该守住自己的专业优势，从事与理论数学更相关的工作。然而，贝尔科维奇并没有让这些先入为主的观念来定义自己，而是采用了一种成长型思维模式，并控制住她的经历中自己能够改变的那部分。她学习了最新的 Web 技术，从她的博士论文中提炼出相关的工程经验，并不断练习 IT 公司常用的白板面试。最终，她得到了这份工作。贝尔科维奇向我解释说："不要为简历不符合要求而感到遗憾，应当去讲述你的经历——你是谁，掌握了什么技能，接下来对什么工作有兴趣以及为什么。"通过掌控自己的经历而不是让别人来定义自己，她最终成为硅谷最热门公司之一 Box 公司的分布式数据系统团队领头人，该公司已于 2015 年 1 月上市。

贝尔科维奇的经历很好地说明了采用成长型思维模式的结果。这意味着我们要为自己可以改变的每个方面承担责任——从提高谈话技巧到掌握新的工程重点——而不是将失败和不足归咎于自己无法控制的事情；这意味着我们要掌控自己的经历；这意味着要对我们学习方面的经验进行优化，而不是优化那些毫不费力就取得成功的经验；这还意味着我们要提升学习速率。

提升学习速率

我们在学校里都学过复利效应。一旦利息被加到存款的本金中，就会在未来产生复利，而复利又会带来更多的利息。这个简单的原理中包含 3 个重要的启示：

1. 复利是一条指数增长曲线。如图 2-1 所示，指数增长曲线看起来像曲棍球棒。它起初增长缓慢，看起来很平坦，几乎是线性的，但在某一刻它会突然过渡到快速增长阶段。

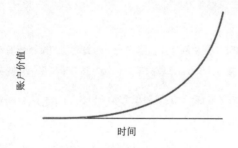

图 2-1：复利的指数增长曲线

2. 复利开始得越早，就越早进入高速增长的区域，我们就能越快获得收益。这就是为什么财务顾问建议尽早投资于类似 401（k）这样的退休金账户[①]：这样你就可以利用更长的复利年限。

---

① 译注：401（k）是一种由雇员、雇主共同缴费建立起来的完全基金式的养老保险制度，相当于中国的企业年金计划。

3. 即使利率差很小，经过漫长的时间后，收益也会产生巨大的差异。图 2-2（a）阐释了这一点，图中对比了日利率分别为 4%和 5%的复利情况。5%的日利率在 40 年后产生的回报比 4%的日利率多 49%，而 60 年后产生的回报比 4%的日利率多出 82%。如果设法将利率提高一倍，达到 8%，如图 2-2（b）所示，那么在 40 年后获得的回报几乎是利率为 4%的 5 倍，而 60 年后则是 11 倍。[10]

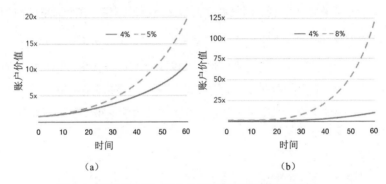

图 2-2：按复利计算，账户价值随着时间的推移而增长：
（a）按 4%和 5%计息的差异；（b）按 4%和 8%计息的差异

学习和理财一样，也会产生复利效应。因此，上面所述的 3 个结论对于学习同样适用：

1. 学习遵循指数增长曲线。知识为我们奠定了基础，使我们能够更快地学习更多知识。例如，对递归概念的理解会为你理解许多其他概念提供基础，比如树和图的搜索算法，而这些算法又是理解编译器和网络拓扑所必需的背景知识。

2. 越早对学习方式进行优化，我们的学习就有越长的时间去产生复利。例如，如果第一份工作不错，我们就更容易找到更好的下一份工作，进而影响未来的职业发展。

3. 由于存在复利效应，即使学习速率只有微小的变化，从长远来看也会造成很大的差异。

关于学习的复利回报的那一点是最不直观的：我们通常会严重低估微小变化对增长率的长期影响。当我们把时间花在缺乏挑战的工作上时，不仅会让自己感到无聊，还错过了学习的机会，更是为未来的成长和学习付出了巨大的机会成本。Palantir 公司是一家为美国中情局、联邦调查局和英国军情六处等情报机构提供 IT 基础设施服务的科技公司。该公司的联合创始人斯蒂芬·科恩（Stephen Cohen）在斯坦福大学的一次客座演讲中就特别强调了这一点。科恩认为，当公司为一份轻松的、毫无挑战的、朝九晚五的工作向你支付薪水时，"他们实际上是在付钱让你接受更低的智力增长率。等你认识到智力投资会产生复利效应时，已经为错失长期复利付出了巨大的代价。他们没有让你获得一生中最好的机会，而是得到另一件可怕的东西：……安于现状。"[11]

那么，我们如何避免安于现状，而转向成长型思维模式呢？LinkedIn 的联合创始人里德·霍夫曼（Reid Hoffman）建议，把自己当成一家创业公司。他在《至关重要的关系》（*The Startup of You*）一书中解释道，为了尽可能增加成功的机会，创业公司最初会将学习的优先级置于盈利之上。他们推出产品的测试版本，然后在了解客户的实际需求后进行迭代和调整。同样，要想让自己获得长远的成功，就必须把自己当成一家初创公司或者是一款测试版产品，一个需要每天进行投资和迭代的半成品。[12]

Zappos 公司首席执行官谢家华（Tony Hsieh）在他的著作《回头客战略》（*Delivering Happiness*）中也提倡持续迭代[13]。"追求成长和学习"是这家鞋类与服装电商公司的十大核心价值观之一，该公司的收入在 10 年内从零增长到超过 12 亿美元。谢家华和他的首席财务官林君叡（Alfred Lin）向所有员工提出了一个长期挑战："想一想，如果业绩每天只增长 1%，并在此基础上每天不断增长，这意味着什么？这样做会产生极其显著的影响，到年底我们的业绩将增长 37 倍，而不是 365%（3.65 倍）。"[14, 15]

今天应该学习什么来让自己提高 1%？这 1%就是一项高杠杆率的投资，可以帮助我们提升技能、增长知识，从而在未来获得更好的机会。互惠基金和银行账户建立的是财务资本，而学习可以建立我们的人力资本和职业资本。你一定更愿意把金融资产投到利率高的账户，而不是利率低的。那么为什么你会以不同的方式对待自己最有限的资产——你的时间？请把时间花在学习速率最高的工作上。在本章的其余部分，我们将给出一些具体的例子，说明如何投资时间让自己每天提高 1%。

寻求利于学习的工作环境

由于工作占用了我们非常多的时间，所以提高学习速率的一个最有力的杠杆点就是对工作环境的选择。当开始一份新工作或加入一个新团队时，有很多东西需要我们提前学习。我们学习新的编程语言，采用新的工具和框架，学习新的开发范式来理解产品，并深入了解组织的运作方式。但是，如何确保在最初的学习曲线之后，当前的工作环境仍然能够让我们日复一日持续学习新事物呢？

有些工作环境比其他环境更有利于个人和职业的高速发展。以下是选择新工作或新团队时应该考虑的 6 个主要因素，以及与之对应的问题：

1. **快速增长**。当谢丽尔·桑德伯格（Sheryl Sandberg）在考虑是否加入谷歌时，谷歌首席执行官埃里克·施密特（Eric Schmidt）给了她一个宝贵的建议："如果有人给你提供宇宙飞船上的一个座位，不要问是什么座位，赶紧上船就对了。"[16] 这个专注于增长的建议对她很有帮助：她后来升任谷歌副总裁，这为她日后成为 Facebook 的首席运营官创造了机会。在快速发展的团队和公司中，需要解决的问题往往超过可用的资源，这就提供了大量的产生巨大影响和增加责任的机会。这种增长也更容易吸引更多优秀人才加入以及组建强大的团队，从而创造出更大的增长，形成一个正向循环。另一方面，缺乏增长会导致公司或团队发展停滞和办公室政治，员工可能会因为机会有限而恶性竞争，因此很难找到并留住人才。

需要考虑的问题：

✓ 核心业务指标（如活跃用户数、年度经常性收入、产品销量等）的周或月增长率是多少？

✓ 你将负责的特定举措是否具有高优先级，并得到公司足够的支持和资源以实现增长？

✓ 公司或团队在过去一年的招聘力度有多大？

✓ 团队中最优秀的成员成长为领导者的速度有多快？

---

2. **培训**。细致规范的入职流程表明，该组织将新员工的培训放在首位。例如，谷歌在其 engEDU 项目上投入了大量资源，包括一系列课程、专业研讨会、设计文档和编程指南，旨在帮助员工尽快成长为工程师和领导者。Facebook 有一个为期 6 周的新员工培训计划，名为"新兵训练营"（Bootcamp），新入职的工程师将通过该计划了解公司所用的工具及重点领

域，并完成一些初步的实际开发工作 [17]。规模较小的公司可能没有同等规模的资源，但任何深谙新员工培训价值的团队都会投资创建类似的项目，就像我们团队在 Quora 所做的那样。同样，如果有内容详尽的导师计划，也表明团队更重视员工的职业成长。

需要考虑的问题：

✓　公司是否期望新员工自己找到问题并解决，或者有正式流程帮助入职的工程师适应新环境？

✓　是否有正式或非正式的导师计划？

✓　公司采取了哪些措施来确保团队成员持续学习和成长？

✓　团队成员最近学到了什么新东西？

---

3. **开放**。一个成长中的组织不会一开始就能找到最有成效的产品路径、工程设计或组织流程。但如果能不断地从过去的错误中学习和调整，那么它的成功概率就会更高。如果员工能质疑彼此的决定并将这些反馈纳入未来的迭代中，则组织更有可能成功。要追求一种充满好奇心的组织文化，鼓励每个人提出问题；再结合一种开放的文化，让人们积极反馈和分享信息。对失败的项目进行反思，分析导致生产环境故障的原因，以及评估对不同产品投资的回报，这些都有助于将正确的经验和教训内化在组织中。

需要考虑的问题：

✓　员工是否知道不同团队工作内容的优先级？

✓　团队是否开会反思产品变更或功能发布的代价？他

们会在发生故障后复盘吗？

✓ 如何在公司范围内记录和共享知识？

✓ 团队吸取了哪些经验和教训？

4. **节奏**。快速迭代的工作环境提供了更短的反馈周期，也促使我们以更快的速度去学习。冗长的发布周期、复杂的产品发布审批流程和优柔寡断的主管都会拖慢迭代速度；而自动化工具、轻量级审批流程以及勇于实验的意愿则会加快项目进展。与大型团队和公司相比，规模较小的团队和公司在具体做事的时候遇到的官僚障碍通常比较少。我在谷歌工作的时候，谷歌搜索的任何可见变化（甚至是实验性的变化）都必须经过管理链的所有环节审批，最终由搜索产品和用户体验副总裁玛丽莎·梅耶尔进行每周一次的用户界面审查，毫无疑问这大大减缓了实验的速度。但在初创企业中，激进的冒险精神和时常加班都有助于提高学习速率——但不要让自己身心俱疲。我们确实需要鞭策自己，但也要找到一种可持续的长期工作节奏。

需要考虑的问题：

✓ 快速行动是否体现在公司或工程价值观中？

✓ 团队使用什么工具来提高迭代速度？

✓ 一个想法从构思到获得批准需要多长时间？

✓ 花在维护已有产品与花在开发新产品、新功能上的时间各占多少？

5. **人员**。与那些比自己更聪明、更有才华、更有创造力的人一起工作，这意味着我们身边有很多潜在的老师和导师。就职业成长和工作幸福感而言，和谁一起工作要比实际做什么工作更为重要。在小公司，如果与同事相处不够融洽，我们可以很快换个团队。但大公司通常会建议你在团队中至少待六个月到一年，以减少切换组织的成本和管理费用。在开始新的工作之前，最好能提前与未来的团队成员会面。不要坐等公司用抽签的方式把你分配到优秀团队或低水平团队。

> **需要考虑的问题：**
>
> ✓ 面试官看起来比你更聪明吗？
>
> ✓ 有人能教你什么技能吗？
>
> ✓ 你的面试是否严谨全面？你想和面试官一起工作吗？
>
> ✓ 人们是倾向于一个人在项目上工作，还是以团队的方式合作？

6. **自治**。选择工作内容和工作方式的自由驱动着我们的学习能力——只要组织支持我们有效地利用这种自由。在成熟的公司中，员工往往从事单一类型的项目，但他们也有机会获得更多指导和安排。在规模较小的公司，员工对于产品整体功能和自身职责拥有更多的自主权，但是也需要对自己的学习和成长发挥更多自主性。例如，在 Quora 的三年里，我有机会应对各种技术上的挑战（包括实验工具、实时分析框架、网站速度、基础设施、推荐系统、垃圾邮件检测和移动开发）以及管理上的挑战（包括培训面试官、创建入职资源、建立导师计划、协调实习安排）。如果是在一个较大的公司，我很难从事如此多样的项目，因为这些问题可能要由专门的团队来解决，而且公司的流程已经比较完善了。

> **需要考虑的问题：**
>
> ✓ 大家是否有拥有选择项目、开展项目的自主权？
>
> ✓ 个人换团队或换项目的频率如何？
>
> ✓ 在一年的时间里，一名员工可以在代码库的多大范围内工作？
>
> ✓ 工程师是否参与产品设计的讨论并能影响产品方向？

这 6 个因素因公司和团队而异，在职业生涯中的不同时期其重要性也会发生变化。入职培训和指导在职业生涯早期更为重要，而自主性在职业生涯后期更为重要。在更换团队或工作时，要始终思考这些问题：看看这份工作是否适合你，以及能否为你提供了充足的学习机会。

将时间投到培养新技能的任务上

软件工程师很容易被工作中的千头万绪弄得不知所措。我辅导过的新员工在刚进入团队时，经常会发现自己的工作清单不断增长，而任务进度却不断落后。他们把所有精力都花在追赶进度上，却没有投入足够的时间去培养那些真正能够帮助自己有效工作的技能。

我的办法是借鉴谷歌的经验。谷歌率先提出了"20%的时间"的概念，即工程师每周花相当于一个工作日的时间在一个业余项目上，以促进公司的发展。最初，"20%的时间"是一个有争议的想法，人们怀疑它是否真的能增加公司的利润。事实上，20%的时间投资使软件工程师获得了自主权，创造并推出了 Gmail、Google News 和

AdSense 这样的产品，它们现在已经是谷歌的三大核心产品。[18] 其他许多科技公司也纷纷效仿，采取了类似的创新政策。[19, 20]

我们应该抽出 20%的时间对自己的成长投资。每天抽出一两小时要比每周抽出一整天更有效，因为这样可以养成每天学习新技能的习惯。一开始我们的工作效率可能会下降（如果不把时间浪费在上网或是其他分心的事情上，工作效率可能不会有太大变化），但从长远来看，这项投资会让我们更有成效。

那么，这 20%的时间应该用来做什么呢？可以更深入地钻研自己的专业领域和专业工具；或者，也可以在微软 Windows 部门前负责人史蒂文·辛诺夫斯基（Steven Sinofsky）所说的"相邻学科"（adjacent disciplines）中获得提升 [21]。"相邻学科"是指那些与我们在工作中的核心职责相关的技能，提高这些技能的熟练度可以使我们更加自信和高效。如果你是一名产品工程师，相邻学科可能包括产品管理、用户研究，甚至后端开发；如果你是一名基础设施工程师，相邻学科可能包括机器学习、数据库原理或 Web 开发；如果你是一名增长工程师，相邻学科可能包括数据科学、市场营销或行为心理学。相邻学科的知识不仅有用，而且你更有可能记住这些知识，因为在工作中经常要用到这些技能。

无论你是哪一类工程师，以下 10 条建议都可以帮助你充分利用工作中的资源：

- **学习公司里最优秀的工程师编写的核心抽象代码**。特别是如果你在一家拥有共享代码库的大型科技公司工作，请通读一些核心库中由早期工程师编写的代码。建议从你使用过的那部分核心库开始读，问问自己是否能够写出类似的代码，以及能从中学到哪些精髓。弄清楚为什么要做某些权衡以及它们是如何实现的，还可以查看早期版本的代码是否通过重写来消除缺陷。你也可以对公司正在使用或在考虑使用的设计良好的开源项目采用同样的学习方法。

- **编写更多的代码**。如果编程是你的弱项，那就把时间从会议和产品设计等其他工作中腾出来，把更多时间花在构建和编写代码上。十几年来对学习行为的研究表明，人们从记忆中提取知识时，花费的精力越多，学会并记住这些知识的效果就越好[22]。由于自己动手编程比被动地阅读代码要花费更多的精力，因此编程练习对于提高编程技能来说是一种高杠杆率的工作。此外，人们很容易把"看过"当作"学会"，但到了真正着手去实践的时候，就能体会到二者的巨大差距。

- **研读内部可获取的任何技术和学习资料**。例如，谷歌有大量的codelab，这些文档教授各种核心抽象并指导编程最佳实践，都是由资深工程师编写的。如果你的公司有类似的设计文档或技术讲座，请把它们当作学习的机会。

- **掌握你所使用的编程语言**。读一两本关于你所使用的编程语言的优秀著作，重点在于牢固掌握该语言的先进特性，并熟悉核心函数/类库。至少掌握一种脚本语言（例如 Python 或 Ruby），你可以将其看作能快速处理工作任务的瑞士军刀。

- **请公司里最严格的人审查你的代码**。这样你可以获得更有质量、更全面的反馈，而不是降低审查通过的难度。你可以主动要求对方针对那些你不太有把握的代码进行更仔细的评审。与公司最好的工程师讨论软件的设计，可以避免将出色的代码浪费在不好的设计上。

- **参加专业技能培训课程**。公司园区或附近的大学可能会提供这样的课程，你也可以通过 Coursera、edX、Udemy 或 Udacity等在线教育机构找到相关在线课程。网络教育正在迅猛发展，你可以轻松地报名参加机器学习、移动开发、计算机网络、编译器等课程，其中许多课程都是由斯坦福大学或麻省理工学院等世界一流大学的教授讲授的。许多大型科技公司甚至会为员工报销参加这些课程的费用。

- **主动参与感兴趣项目的设计讨论，不要被动等待**。直接询问项目负责人是否介意你旁听，甚至是参与设计工作坊。如果邮件列表在公司内部是公开的，请订阅并阅读邮件存档中的重要讨论。

- **在不同类型的项目上工作**。如果你发现自己总是在用同样的方法，完成相似的工作，那么你就很难掌握新的技能。交叉参与不同类型的项目，可以让你了解不同项目的共性和特性。此外，关于学习的科学研究证实，交叉练习不同技能比重复练习单一技能更有效，也有助于人们应对新问题。[23]

- **确保团队中有比你更资深的、可以请教的工程师**。如果没有，请考虑更换项目或团队。这将有助于提高你剩余 80%时间内的学习速率。

- **勇于学习自己不熟悉的代码**。Facebook 前工程总监鲍比·约翰逊经过多年的观察得出结论：软件工程师的成功与"敢于学习不熟悉的代码"高度相关。对失败的恐惧常常使我们退缩，导致我们还没尝试就放弃。但正如约翰逊所解释的，"在钻研未知事物的实践中，你可以提升编程技能。"[24]

利用 20%的时间创造学习机会，你的技能和工作效率就会稳步提高。

持续学习

学习的机会并不限于工作场所。我们应该经常自省："我该如何提升？我怎样才能做得更好？接下来我应该学点什么才能应对未来的挑战？"这些问题可能与软件工程无关——也许你对音乐、艺术、体育、写作或手工艺感兴趣。我们学习的某些技能可以是跨专业的，并且对软件工程工作有益（比如提升与陌生人谈话的舒适度，在采访书中提到的其他优秀的工程师时，这些谈话技巧帮助了我）。有些技能可能不会直接转化为软件工程上的收益，但采取成长型思维模式能让我们成为更好的学习者，更愿意跳出舒适区，这本身就是一项高杠杆率的投资。此外，这还有一个好处：对积极心理学的研究表明，持续的学习与幸福感的提升密不可分。[25]

无论你喜欢做什么，都有很多方法可以帮助你学习和成长。以下这 10 个起点可以帮助你养成在工作之外学习的习惯：

- **学习新的编程语言及开发框架。**软件开发工作最令人兴奋的一个方面是技术领域的变化相当快，但这也意味着，如果不持续学习，你的技能可能会变得陈旧和过时。此外，新技能可以扩展思维，教你以不同的方式思考。列出一个关于编程语言、软件工具和框架的清单，并不断更新，给自己设定目标，花时间掌握它们。

- **学习市场需求旺盛的技能。**如果不确定应该学习什么类型的技能，可以去看看你感兴趣的职位招聘信息中有什么技能要求，或者评估当前行业发展趋势对技能的需求。例如，截至 2014 年，15%的互联网流量来自移动设备，[26] 全球智能手机的年销售额是消费级个人电脑的 3 倍。[27] 随着这些趋势的持续，提升移动设备开发方面的专业知识可以为你带来许多机会。

- **阅读。**比尔·盖茨读了很多书，而且大部分都是非小说类书籍。他通过阅读来了解世界的运行方式。[28] 书籍为我们提供了一种从别人的教训和错误中学习的方法：你可以重新应用这些知识，而不必从头开始，这是一项高杠杆率的投资。实际上我一直在训练自己快速阅读。现在我的阅读速度快了 2~3 倍，学习速率大大提高，每周可以看完一两本书。附录 A 中有一个非小说类书籍的列表，这些书塑造了我对工程效率的思考方式。

- **加入讨论小组。**18 世纪的政治家和发明家本杰明·富兰克林组织一群朋友成立了"共同进步俱乐部"。该俱乐部每周五晚上聚会，就"道德、政治或自然哲学"展开讨论和辩论，为成员提供系统化的机会来提升自我。[29] 我也是一些读书俱乐部和读书小组的成员，我们会定期在咖啡馆和公寓里聚会、讨论。

- **参加讲座、行业会议和线下聚会。**成长中的科技公司经常举行公开的技术讲座，既可以分享知识，又有助于招聘新的软件工程师。谷歌甚至在 YouTube 上分享了许多校园招聘的演讲。[30, 31] 行业会议和线下聚会的质量参差不齐，可以咨询他人获得进一步的建议。有些会议，比如 TED，还会将启发思想、鼓舞人心的演讲的高质量录音分享给大家。[32] 还可以参加有针对性的行业专题会议，它能帮我们了解行业发展趋势，同时也能结识有共同兴趣的人。

- **建立并维护一个强大的人际关系网。**过去我常常避免和不认识的人会面，但后来发现，见的人越多，就越能发现意外的机会。理查德·怀斯曼（Richard Wiseman）在他的《幸运的配方》（*The Luck Factor*）一书中阐述了这一观点，他写道："幸运的人在日常生活中遇到很多的人，因此极大地增加了与幸运邂逅的可能性。他们遇到的人越多，就越有可能遇到对他们的生活有积极影响的人。"[33]

- **关注那些传授技能的博客。**诚然，社交媒体和科技新闻网站可能会分散我们的注意力，但与此同时，许多博客也分享了一些有思想、有价值的经验和教训。订阅这些博客，学习如何避开他们犯过的错误，为自己找到通向成功的捷径。附录 A 中列出了一些不错的软件工程类博客供你参考。

- **为教学而写作。**通过写作向他人传授知识和技能时，我们会对已经熟悉的内容产生更深刻的理解，并发现之前没有完全理解的细节。这就是诺贝尔物理学奖得主理查德·费曼（Richard Feynman）用来加速学习的技巧。[34] 写作也为我们提供了对所学知识进行反思和整理的机会。所以，开始写作吧。如今，像 Blogger、Tumblr、Wordpress、Medium 和 Quora 这样的平台使写作变得非常简单。另外，在一些行业会议上做演讲也能获得类似的收益。

- **拓展兴趣项目。**即使是那些与软件工程无关的兴趣项目也会为我们提供进一步磨练技能的机会，特别是工作专业之外的兴趣项目。研究表明，用新的方式将现有的、通常截然不同的想法结合起来时，创造力就产生了。[35] 看似无关领域（如绘画和写作）的项目也可以带来一些好处，帮助我们成为更优秀的工程师。

- **培养业余爱好**。将漫无目的地切换电视频道或上网的消极时间替换成培养业余爱好的积极时间。美国人平均每周看 34 小时电视 [36]，而心理学研究表明，人们在看电视时的平均情绪是轻度抑郁的。[37] 所以，请把时间花在健康的爱好上，让这种爱好成为激发你学习和成长的动力。

比以上这些个人建议更重要的是培养并建立成长型思维模式，这将激发出我们强大的学习动力。面试官经常会问求职者："你觉得自己五年后会是什么样子？"这是一个很难回答的问题，大多数人都没有答案。但是，采取成长型思维模式和优化学习方式，无论将来出现什么样的机会，我们都能做好充分准备。

本章要点

- ⊙ **掌控你自己的经历。**关注在你影响范围之内的变化，而不是浪费精力去指责那些你无法控制的部分。以成长型思维模式看待失败和挑战，并将其视为学习的机会。

- ⊙ **不要降低你的学习速率。**学习就像利息一样具有复利。你学得越多，就越容易运用学过知识和经验来学习新事物。优化学习方式，特别是在你的职业生涯早期，为抓住即将到来的机会做好充分准备。

- ⊙ **寻找能够让你不断成长的工作环境。**与你正在考虑加入的团队或公司的员工交流，找出这些问题的答案：他们为入职培训和指导提供了什么机会？他们内部有多透明？他们的行动速度有多快？未来的同事是什么样的，以及你将有多少自主权？

- ⊙ **利用工作中的机会来提高你的技能。**向最优秀的同事学习，研究他们的代码及评审记录，深入研究公司提供的所有学习资料，并咨询公司是否愿意资助你学习新的课程或购买书籍。

- ⊙ **寻找工作之外的学习机会。**向自己挑战，争取每天进步1%。并不是所有的学习都与软件工程技能有关，但从长远来看，成为更快乐、更好的学习者将帮助你成为更有成效的工程师。

3

定期调整优先级

可持续、可扩展的用户增长策略是创业公司永恒追求的圣杯①。更高的用户参与度，会带来更高的收益、更多的风险投资和更高的公司估值，因此，近年来致力于用户增长研究的团队激增。这些团队专注于优化用户的产品体验[1]。他们高度依赖于数据和指标，无休止地进行用户实验并提升转化率，以实现获得更多用户的重大使命。他们结合工程、数据和产品营销来制订策略，在很多高速增长的企业中都可以看到他们成功的案例，例如：Facebook、Twitter、LinkedIn、Dropbox、Airbnb、Square、Uber、Lyft、Path 等。

用户增长团队的一些工作与传统工程团队类似，例如构建实验框架和分析指标。然而，用户增长特别具有挑战性和令人兴奋的原因是，

---

① 译注：圣杯原指基督在最后的晚餐中使用过的酒杯，传说其能提供无尽的食品，让人永葆青春。此处是指用可持续、可扩展的方式不断增加产品的用户量，就像圣杯源源不断提供食物；也以历史上对圣杯的执着追逐，隐喻当前创业公司千方百计追求用户增长。

推动流量和用户增长的手段如此广泛，几乎涵盖了产品的方方面面，
比如：

- 优化首页用户注册界面的转化率。
- 通过谷歌、Facebook 或 Twitter 的广告购买流量。
- 提高产品访问速度以提高用户参与度。
- 通过社交媒体和电子邮件进行病毒式传播。
- 通过提高搜索排名来增加搜索推荐流量。
- 在提升产品的易用性、普适性上加大投入。
- 迭代用户的电子邮件订阅内容以提高打开率和点击率。
- 鼓励用户向朋友推荐产品。
- 优化内容格式和推荐信息以增加产品的黏性。
- 改善产品的移动体验，通过 iOS 和安卓应用商店增加推广渠
  道。
- 将产品国际化，支持多语种和主要使用国家。
- 另辟蹊径的其他内容。

恰当的关注点可以显著加快产品的用户增长速度。即使是在关键
领域取得 0.5%的成功，也能像利息一样产生复利效应，并在未来的
某个时候使产品用户量增长到百万级别。但是，同样因为复利效应，
目标设定错误所造成的机会成本可能会使用户增长倒退几个月或几
年。

我曾是 Quora 用户增长团队的第一位工程师，并最终成为该团队
的工程负责人。我们的团队摸索出一种健康的开发节奏，我们会根据
目标的投资回报率来确定它们的优先级，进行批量实验，然后从数据
中找出哪些目标可行、哪些不可行，最后进行调整并重复实验。在短

短一年的时间里，我们的团队使 Quora 的月度和日活跃用户基数增长了 3 倍以上 [2]。通过这段经历我了解到，一个成功的用户增长团队必须严格地定期对工作进行优先级排序。

然而，定期调整优先级不仅仅影响用户增长。在任何工程学科（以及生活中），要做的事情总是会比你拥有的时间多，选择做某件事就意味着要放弃另一件事。因此，定期调整工作优先级是一项高杠杆率的工作，因为它决定了你剩余时间的杠杆率。毕竟，如果你在某个项目上工作了几个星期，最后不仅收效甚微而且也没有获得多少经验，对于公司来说，这和你完全没干活有什么区别呢？

调整优先级是一项困难的工作，和大多数技能一样，它需要不断实践。卓有成效的工程师会坚持不懈地练习以提高这项技能。你可能会有时间分配不当的时候，但只要经常回顾，就能不断改进。你也会有不想调整优先级的时候，也许是难得的闲暇时间，除了蜷缩在沙发上读一本好书外，什么都不想做——这完全没问题！每个人都需要时间休整和放松。但是在涉及个人和职业目标时，花时间和精力调整优先级会显著增加我们成功的机会。

在本章中，我们将详细介绍有效调整优先级的策略。首先，我将解释为什么一定要把所有的待办事项记录在一个简单易用的清单中。我将对这个清单中正在做的工作和可以替换的工作两两进行比较，以便将时间投入到杠杆率更高的工作上。为了帮助确定哪些工作是高杠杆率的，我们会探讨两个简单的启发式方法：关注直接创造价值的工作，以及关注重要但不紧急的工作。然而，仅仅确定高优先级任务是不够的，还需要执行这些任务。所以，我将介绍如何完成高优先级的工作：第一，守护创造者日程；第二，限制正在进行的工作数量。接下来，我们将讨论如何通过"如果……就……"计划来帮助对抗拖延症。最后，由于将调整优先级作为日常工作流程非常重要，在本章结束时，我会使用本章介绍的所有策略，创建一个实现优先级工作流程的示例。

简单易用的待办事项清单

无论你是多么资深的专家，一份精心设计的核查清单都能显著提高你的工作成效。在《清单革命》（*The Checklist Manifesto*）一书中，阿图·葛文德（Atul Gawande）博士向我们展示了使用核查清单是如何帮助人们大幅减少在各自工作中的失误的，即便对于最有经验的专业人士而言也是如此。飞行员在飞行前对照清单做例行检查，外科医生手术前对照手术清单确认，以及建筑经理根据安全检查表核查——只需要简单地写下将要完成的步骤并逐一跟踪确认，就可以消除大量可以避免的错误[3]。

工程师也可以从核查清单中获益。对优先级有效排序的第一步是列出可能需要完成的每一项任务。正如大卫·艾伦（David Allen）在《搞定》（*Getting Things Done*）一书中所解释的那样，这是因为人类的大脑擅长处理信息，而不是存储信息[4]。在大脑的工作记忆中平均只能主动容纳 7 个（正负偏差 2）记忆单位（差不多就是固定电话号码的位数）。这个数字真的是小得惊人，然而在实验中，一旦超过 7 个记忆单位，在一半以上的情况下人们就无法按照正确的顺序重复数字和单词了[5]。那些记忆冠军能够记住圆周率小数点后 67,890 位数字的唯一方法就是耗费大量精力去训练[6,7]。研究表明，在记忆上花费精力会降低我们的注意力[8]，损害我们的决策能力[9]，甚至伤害我们的身体机能[10]。对我们这些工程师来说，将脑力用在调整工作的优先级和解决工程问题上，而不是用在记住需要做的每一件事情上，是更有成效的做法。

在软件工程职业生涯的早期，我曾自以为是地否定核查清单的价值。我认为自己根本不需要使用它，因为我坚信自己的大脑可以记下所有的工作任务。但在接下来的两年里，我开始注意到有些工作任务被遗漏了，这才意识到采用代办事项清单的必要性。现在它已经成为我日常工作流程中不可或缺的重要部分。鉴于大量的研究都证明了待办事项清单的价值，我之前居然在不使用它的情况下完成了那么多工作，也可以算是一个奇迹了。

待办事项清单应该有两个主要特性：第一，它是工作的规范化描述；第二，方便查看。一个简单的总清单比各种各样的便利贴、记事本和电子邮件要好用，因为这些零散的载体很容易被放错地方，使大脑更难相信它们记载了全部的工作。有了这个总清单，只要有一点空闲的时间，我们就能快速地确定可以完成哪些任务。此外，如果想起一个新的任务，即使出门在外也可以直接把它添加到清单中，而不必费脑子记住它。

待办事项清单可以有多种形式：可以是随身携带的小记事本、在线使用的任务管理软件、手机上的应用，也可以是在计算机和手机之间同步 Dropbox 文本文件。当我们不断将待办事项从清单中逐一划去时，需要记住的任务就只剩一个——检查这份简单的总清单，这样一来我们的大脑就得到了解放，可以将注意力放在杠杆率更高的工作上：真正对工作的优先级排序。

如果能够准确计算出每个任务的杠杆率，就可以按照杠杆率对所有任务排序，然后按照优先级列表进行处理。不幸的是，估算每个任务所需的时间和产生的价值都是非常困难的事情。在 Quora 从事用户增长工作时，我和团队就如何提高产品使用率和用户参与度进行头脑风暴，提出了数百个想法。我们围坐在会议室的桌前，系统地讨论每一个想法，并评估它们对用户增长指标的影响百分比（0.1%、1%、

10%或100%），以及实现这些想法需要的时间（数小时、数天、数周或数月）。由于数据有限，所做的估算偏差很大，而且我们处理的每一项任务都会产生新的任务，我们只好将这些新任务加到待办事项清单中——这也就意味着我们永远无法完成清单中的大部分积压事项。最终的结果就是，为了建立优先级排序列表而做的大量估算工作都被浪费了。

估算出第 100 项任务比第 101 项任务的杠杆率更高，实际上没有什么用。更简单、更高效的做法是，先确定一小部分重要目标，并挑选出实现这些目标所需要完成的初始任务，然后将当前正在进行的任务与待办事项清单上的其他任务两两比较。你需要反复地问自己：现在是否有其他杠杆率更高的工作可以做？如果没有，就继续做当前的工作。如果有的话，就应该重新考虑正在做的工作了。我们的目标不是要对所有工作事项的优先级建立一张排序总表，因为排序所依据的信息都是不完整的；相反，要根据当前所掌握的信息，不断地将杠杆率最高的任务的优先级调至最高。

那么，如何确定哪项工作比当前所做的杠杆率更高呢？接下来的两节分别介绍了两种启发式方法帮助我们进行判断：关注直接创造价值的工作，以及关注重要但不紧急的工作。

关注直接创造价值的工作

在衡量不同工作的杠杆率时，有一个教训必须牢记：你所花费的时间和精力不一定与所创造的价值成正比。黄易山根据他在 Facebook 领导软件工程团队四年的经验解释说，"工作不一定有产出"，而且许多工作"并不直接贡献有用的产出。诸如撰写状态报告、整理工作、创建组织制度、反复记录事情、开会、回复低优先级的邮件都是没有直接产出的例子。"[11] 这些任务与创造价值只有微弱而间接的联系。

因此，对高杠杆率工作进行优先级排序的第一个启发式方法，是关注直接创造价值的工作。在一天结束的时候（或者是做绩效评估的时候），你创造了多少价值才是重要的。衡量这种价值的标准是交付的产品、获客率、业务指标的变化或销售业绩，而不是工作时长、完成的任务、编写的代码行数或参与的会议数量。要专注于那些能直接将产品推向发布的任务；直接增加用户、客户或销售额的任务；或是直接影响团队所负责的核心业务指标的任务。这样的任务包括：为必要的产品功能编写代码，解决阻碍产品发布的障碍或确保获得必要的批准，确保团队成员是在正确的任务上开展工作，解决高优先级的客户支持问题，或者是其他直接创造价值的任务。

一旦你做的工作直接创造了价值，就很少有人会指责你拒绝参加会议，回复邮件不够及时，甚至是没有修复不紧急的 bug，除非以上这些任务阻碍了更有价值的结果交付。把重要的事情做对，剩下的小事情往往就不重要了。在生活中也是如此，例如，如果你想省钱，省下 3 美元一杯的星巴克拿铁并不会对预算产生多大影响，相比之下，花一两个小时寻找更便宜的机票可以为你的下一次旅行节省几百美元；在薪资谈判时多花几个小时就能使年薪增加几千美元，这样一比，购买便宜机票又显得无足轻重了。而且从长远来看，即使是薪资谈判，可能也不如采用一个合理的投资组合，每年可以多赚几个百分点的复利回报来得重要。当然，你还是可以省下那杯咖啡钱的，但要确保自己所投入的努力与预期的影响成正比。

交付一项创造价值的变更后，再去找下一个能创造价值的任务。优先考虑那些以最少的成本创造最大价值的任务。一旦这样做几次，你就更容易识别哪些任务是最有价值的。Quora 的用户增长团队进行了更多的产品实验后，在识别哪些类型的变更可以快速完成，哪些工作会有更高的收益方面，明显变得更敏锐。

专注于直接创造价值的工作必然要推迟或忽略那些不能创造价值的工作，因为个人的时间是有限的。当同事安排你参加一个不必要的会议，或者经理让你修复一个小 bug，又或者产品经理带着闪亮的新产品原型来找你讨论时，他们通常并没有考虑你的工作时间的机会成本。因此，要学会拒绝，不要把每一次邀请都当作一种义务。可以向对方解释会议、bug 或临时项目如何影响你的其他任务，还可以就这些工作是否应该具有更高优先级进行讨论。如果不具备更高优先级，就不应该在这些事情上浪费时间。

不要试图完成所有工作，要专注于重要的工作——就是那些直接创造价值的工作。

关注重要但不紧急的工作

我们每天都会被需要我们关注的紧急请求淹没：会议、电子邮件、电话、bug、系统告警、下一个截止日期。其中的一些请求很重要，而另一些则不然。如果不加以区分就立即响应任何紧急事项，我们的工作安排就会被这些日常干扰打乱，而无法按待办事项清单中的优先级来进行。

因此，在优先完成直接创造价值的工作的同时，我们还需要优先考虑那些能够提升我们的能力、在未来创造更多价值的投资。简单地说，就是第二种启发式方法：关注重要但不紧急的工作。

在《高效能人士的七个习惯》（*The 7 Habits of Highly Effective*

People)中，斯蒂芬·科维（Stephen Covey）解释说，不应将紧迫性与重要性混为一谈，他主张"要事第一"[12]。科维根据是否紧急和重要，将我们做的工作划分为四个象限，如图 3-1 所示。

	紧急	不紧急
重要	**第一象限** 危机 紧急问题 临近截止日期	**第二象限** 计划和补救 建立合作关系 新机遇 个人发展
不重要	**第三象限** 中断手头工作 大部分会议 大部分邮件和电话	**第四象限** 上网 忙碌的工作 浪费时间的不良习惯

图 3-1：根据紧急和重要与否划分工作

当第一象限（例如高优先级的客户支持工作或临近截止日期的工作）和第三象限（大多数邮件、电话和会议）中的工作填满了我们的日程安排时，我们就会忽略第二象限中那些不紧急但重要的工作。第二象限中的工作包括：规划我们的职业目标，建立更牢固的合作关系，阅读书籍和文章以提升专业能力，培养提升生产力和工作效率的习惯，构建新工具改进工作流程，设计核心抽象代码，提升基础设施的伸缩性，学习新的编程语言，在行业大会上演讲，以及帮助同事提高生产力。

第二象限中的工作没有截止日期，也不会因为紧迫而被提升优先级。但从长远来看，它们提供了重要的价值，因为这些工作有助于我们学习新知识，以及在个人和职业发展两方面的成长。需要完成的工作实在太多了，很容易让人不知所措，尤其是刚毕业的大学生或入职一家新公司的工程师。我一直建议我指导的新入职员工尽可能抽出时间来提升自己的技能。一开始他们的生产力可能会降低，但随着时间的推移，他们学习的新工具和工作流程将大大提高他们的效率，并很快赶上最初因为学习新知识而落后的进度。

我曾经与宁录·胡斐恩（Nimrod Hoofien）讨论调整优先级的技巧，他是 Facebook 的工程总监，还曾在亚马逊和 Ooyala 管理过工程团队。胡斐恩分享了自己的一个实践：他会根据工作任务所在的象限，对待办事项清单上的每个任务标注数字，从 1 到 4（代表 4 个象限）。"如果你想把要做的工作缩减到重要但不紧急的象限，这个实践非常有效，"他解释说，"这是一个非常好的入门工具。"

找出待办事项中那些属于第二象限的工作，并降低第三和第四象限中不重要工作的优先级。如果你在第一象限那些重要且紧急的任务上花费太多时间，就要警惕了。系统告警、高优先级的 bug、临近截止日期的项目或类似的任务都可能是重要且紧急的，但是你要评估自己所做的工作是否"治标不治本"，没有找到问题的根源。通常情况下，根本原因是对第二象限任务的投入不足。频繁出现系统告警可能表明需要创建自动恢复程序；出现高优先级的 bug 可能是测试覆盖率低的表现；距离截止日期所剩时日不多，可能是由于项目评估和规划做得不好而造成的。在第二象限任务的解决方案上增大投入，可以减少紧急任务的数量及其带来的压力。

调整工作优先级本身就是一件重要但不紧急的事（位于第二象限），但因为不紧急，所以其重要性经常被忽视。将调整工作优先级这件事放在首位，我们就会走上效率大幅提升的康庄大道。

守护创造者日程

到目前为止，我们已经根据是否直接创造价值、是否重要但不紧急确定了一些高杠杆率的工作，下一步就要利用时间去执行这些优先级高的工作。

与其他专业人士相比，软件工程师需要更长、更连续的时间块来提高工作效率。如果我们能够保持心理学家米哈里·契克森米哈赖（Mihály Csíkszentmihályi）所说的"心流"状态，工作效率就会显著提高，经历过这种状态的人将其描述为"一种毫不费力的专注状态，以至于他们失去了对时间、对自己、对问题的感知。"契克森米哈赖研究了画家、小提琴家、国际象棋大师、作家，甚至摩托车赛车手的心流状态，他将心流称为"最佳体验"，因为当我们深度专注时，会感到自发的快乐。心流需要集中注意力；而突发事件会打破心流状态。[13]

不幸的是，许多公司的会议日程并没有为软件工程师的心流创造条件。程序员兼风险投资家保罗·格雷厄姆（Paul Graham）在其文章《创造者的日程，经理人的日程》（*Maker's Schedule, Manager's Schedule*）中讨论了经理人的日程与那些创造、构建事物的人的日程之间的巨大差异。管理者通常以小时为单位来安排日程；而"创造者，比如程序员和作家，……通常更倾向于以至少半天时间为单位。一小时不可能写出什么好文章或是代码，这点时间只够起个头。"[14] 实证研究强调，打破创造者日程的成本相当高昂。微软研究院的一项研究发现，在被邮件和即时消息打断后，员工平均需要 10~15 分钟才能恢复专注的工作状态；[15] 加州大学欧文分校的一项研究则认为这个恢复时间更长，达到 23 分钟。[16]

如果可能的话，尽量在日程中保留较大的专注时间块。把必要的会议安排在连续的时间段或者是一天的工作开始或结束的时候，而不要把它们分散安排在一天中。如果有人在你专注于某项工作的时候向你寻求帮助，请告诉他们，你很乐意在休息时间的前后或者在你小块的空闲时间里帮忙。你可以在日历上专门划出几小时（甚至可以安排一个假会议），或者设置"周三不开会"这样的日程，以帮助你整合出大块的专注时间。学会拒绝不重要的工作，比如不需要你出席的会议，以及其他可能会打乱你日程安排的低优先级任务。要守护好你的时间和你的创造者日程。

限制同时进行的任务数量

调整了工作任务的优先级并划定连续的专注时间块后，你一定会想尝试同时处理多个任务。然而，如果将注意力分散在多个不同的任务上，最终只会降低整体工作效率，阻碍我们在任何任务上取得实质性进展。

戴维·罗克（David Rock）在其著作《高效能人士的思维方式》（Your Brain at Work）中说，大脑的工作记忆就像一个舞台，而各种想法就像演员。大脑中被称为前额叶皮层的部分负责处理我们的计划、决策和目标设定，以及我们所有其他有意识的想法。舞台的空间有限（只能容纳 7 个演员，正负偏差 2），但为了做决策，前额叶皮层需要把所有相关的演员都安排到舞台上。[17] 当我们同时处理太多事情时，大脑的大部分能量就耗费在安排演员上台和下台上了，而不是关注他们的表演。

我在 Quora 工作的早期就学到了这个教训。那时我想找两三个听起来很有趣且令人兴奋的大项目，并且雄心勃勃地自愿参加所有项目。我投入了大量的时间，在各个项目之间交替工作。但由于每个项目的进展都是断断续续的，因此很难形成推动力。我无法给予每个项目和团队足够的关注，所以最终一个项目都没有做好。此外，由于每个项目的时间线都拖得很长，从心理上讲，我感到效率太低了。

我后来意识到，问题的关键在于要限制同时进行的任务数量，正如托尼安·德玛丽亚·巴里（Tonianne DeMaria Barry）和吉姆·本森（Jim Benson）在他们的著作《个人看板》（Personal Kanban）中描述的，一个杂技演员不费吹灰之力就能在空中同时抛接三个球，但同时抛接六到七个球就明显需要更集中精力。同样，个人在工作上可以同时处理的事情也是有限的。巴里和本森写道："越接近你个人能力的极限，工作压力就越会消耗你的大脑资源，影响你的表现。线性地增加工作，失败的可能性就会指数级地增加。"[18] 不断切换上下文会阻碍我们深入进行任何一项工作，并降低了总的成功概率。

现在，我会更加小心地限制同时进行的任务数量。这意味着对不同的项目进行优先排序并按顺序处理，从而使我能够保持强劲的动力。这一原则也适用于团队处理项目。当一小群人将精力分散到太多的任务上时，他们就无法在讨论设计或评审代码时共享同样的背景。工作优先级的相互竞争会导致团队的分裂，对任何一项工作的动力都会因此而减弱。

可以同时进行的任务数量因人而异。在工作质量和动力下降之前，要通过反复试错来弄清楚自己可以同时进行多少项目，并抑制住同时开展多个任务的冲动。

用"如果……就……"计划对抗拖延症

有时候，阻碍我们专注工作的并不是缺乏连续的大块时间，也不是频繁切换上下文。相反，许多人是因为没有足够的动机去唤起启动一项困难任务所需的激活能量。在 20 世纪 90 年代，心理学教授彼得·戈尔维茨（Peter Gollwitzer）研究了动机科学。他在学生去期末考试的路上询问他们是否愿意参加一项研究，作为研究的一部分，他们必须写一篇关于自己如何度过圣诞节假期的论文。同意参与研究的学生被告知，他们必须在圣诞节后的两天内提交论文。其中一半的学生还被要求详细说明他们将在何时、何地以及如何写这篇论文。在明确表达了这些"实施计划"的学生中，71%的人提交了论文。而另一半没有要求他们说明"实施计划"的学生中只有 32%的人提交论文。在行为上稍作调整就使完成率提高了两倍以上。[19, 20]

社会心理学家海迪·霍尔沃森（Heidi Halvorson）根据戈尔维茨的研究提出了一个简单的方法，来帮助我们克服拖延症。在她的《成功、动机与目标》（Succeed）一书中，霍尔沃森介绍了"如果……就……"计划，即提前设定一种情况，在这种情况下计划完成某项特定的任务。例如，"如果下午 3 点会议结束，我就去调查这个长期存在的 bug"，或者"如果刚好吃完晚饭，我就去观看关于 Android 开发的讲座。"霍尔沃森解释说："计划会在特定的场景或信号（如果）与你应该实施的行为（就）之间建立联系"。一旦触发了信号，随后的行为则会"在没有任何意识的情况下自动发生"。[21]

潜意识的跟进很重要，因为拖延主要源于我们不愿意在某项任务上消耗最初的激活能量。这种不情愿导致我们为自己寻找合适的理由，去做那些更容易或更喜欢做的事情，即使这些事情往往杠杆率较低。身处这个情况时，我们从拖延中获得的短期价值往往会支配我们的决策过程。但是，当我们制订"如果……就……"计划并决定提前做什么时，我们更有可能会考虑该任务相关的长期利益[22]。研究表明，"如果……就……"计划可以提高人们的目标完成率，比如备考 PSAT

（The Preliminary SAT，学术评估测试预考，即预备 SAT）的高中生、试图降低脂肪摄入量的节食者、尝试戒烟的吸烟者、想少开车多乘坐公共交通工具的人，等等 [23]。"如果……就……"计划是一个强大的工具，可以帮助我们专注于优先事项。

"如果……就……"的概念也可以帮助你利用创造者日程中的碎片时间。有多少次在开会前的 20 分钟空闲时间里，你花了其中的 10 分钟思考是否有足够的时间做点事情，最后选择一个简短的任务，但是刚要开始，你就意识到根本没有足够的时间完成它？我认为一个有效的"如果……就……"计划应该是这样的："如果在下一项工作前有 20 分钟的空闲时间，我就去做____。"我给自己列了一个需要完成的简短任务列表，这些任务不需要整块的连续的时间就能完成，我用它们来填补这种碎片的空闲时间。对我来说，比较适合的简短任务包括：审查代码、撰写面试反馈、回复邮件、调查一个小 bug 或编写一个独立的单元测试。

"如果……就……"计划可以让那些大学生的圣诞节论文完成率提升一倍。想想看，如果能将完成一件一直拖延的重要事情的可能性提高一倍——无论是学习一门新语言，阅读搁置已久的那本书，还是其他什么事情，我们会获得多么大的成效。现在就制订你自己的"如果……就……"计划吧。

培养调整优先级的习惯

到目前为止，所制订的这些策略能够帮助我们专注于正确的事情：完成杠杆率最高的任务。一旦沉浸在这些任务中，许多人就会掉入另一个常见的陷阱——忽略了重新调整优先级。随着时间的推移，当前的任务可能不再属于杠杆率高的那一类了。

为什么会发生这种情况？也许最初你估计需要一个月的时间变更基础设施，但两周之后，你发现由于技术上的挑战或项目需求增加，这项工作的时长可能要延长到三个月。如果是这样的话，这个项目还值得完成吗？或者当你正在构建一个产品的新功能时，一个旧功能开始触发扩展性问题或系统告警，你需要每天花 1 小时来处理该问题。如果改为暂停开发新功能并为旧功能开发一个长期的解决方案，是不是杠杆率会更高？又或者在开发过程中，你意识到自己花费了大量时间全力处理遗留代码，那么是否应该先重构代码而不是继续开发？

以上这些问题的答案都会因情况而异。正确回答这些问题的关键是要对任务进行回顾，并养成重新调整任务优先级的习惯。

使用本章中介绍的策略，你可以构建出自己的日常工作流程来管理和执行优先事项。每个效率大师都会推荐一套不同的工作流程机制。大卫·艾伦在《搞定》一书中建议，按照基于位置的上下文将待办事项分组，然后根据当前上下文来处理任务 [24]。托尼安·德·玛丽亚·巴里和吉姆·本森在《个人看板》中建议创建一个待办事项看板墙，在看板上的不同栏目（例如，"积压"、"就绪"、"进行中"和"完成"）间切换任务，并根据自己的"带宽"，通过反复试错来限制同时进行的任务数量 [25]。弗朗西斯科·西里洛（Francesco Cirillo）在《番茄工作法》(*The Pomodoro Technique*)①中，用计时器给自己设置 25 分钟的专注时段，每个时段只处理一件任务。[26]*Todoodlist* 的作者尼克·塞恩（Nick Cern）倡导用铅笔和纸这种老式的方法来跟踪、记录需要完成的任务 [27]。这一类的建议和方法不胜枚举。

---

① 译注：弗朗西斯科·西里洛使用的厨房计时器是一个番茄的样子，所以将这套方法命名为"番茄工作法"。

　　尝试了各种系统和任务管理软件之后，我认识到没有所谓"最好的"调整优先级的流程，我们应当遵循的是通用的原则，就像本章所阐述的这些原则一样。只有反复调整自己的系统，才能找到最合适的方式。如果你还没有建立自己的系统，那么阅读一些与效率相关的书，或借鉴其他工程师的系统，可能是一个不错的开始。请记住，培养调整优先级的习惯比如何回顾优先事项更为重要。

　　如果你需要一个样本作为开始，我可以分享自己目前使用的系统。在撰写本书时，我使用一个名为 Asana 的 Web 产品来管理我的待办事项清单。在我看来，Asana 的主要特点是速度快，支持键盘快捷键，允许使用项目标记任务并按项目筛选，而且它在 Android 手机和 iPhone 上都可以使用，这样我就可以在出差的旅途中更新待办事项清单。我所有的个人事务和工作任务都在 Asana 上进行管理。

　　我有一个"当前优先事项"项目，用来跟踪我想在本周内完成的任务。如果本周刚开始，我就会从积压的任务或上周未完成的工作中选出想要在本周完成的任务，把它们添加到这个项目里。我会提升一些任务的优先级：对正在进行的项目直接产生价值的任务；以及我认为比较重要的长期投资。因为优化学习方式是重要但不紧急的事情，通常我会增加一些与学习新知识有关的任务。当前我的优先事项里就包括每天为这本书写 1000 字、学习自助出版的相关知识以及每天学习移动应用开发教程。

　　在 Asana 中，项目任务可以细分成若干部分。我借用从《个人看板》中学到的办法，将我的"当前优先事项"项目进一步分为"本周"、"今天"和"进行中"三个部分。"本周"内的任务是这一周需要完成的工作。每天早上，我会根据任务的大小和我的时间安排将一些任务从"本周"移到"今天"。我喜欢在早上精力充沛的时候做这件事，因为调整优先级是很重要的工作，也很费脑子。图 3-2 展示了这个方案下的任务清单示例。

当前优先事项：

- ☑ [1] 回顾今天的任务
- ☑ [1] 与团队讨论上周的 UI 实验

进行中：

- ☐ [2] 调查并修复导致邮件重复发送两次的 bug

今天：

- ☐ [4] 在注册流程上增加性能监控
- ☐ [6] 为新用户的流畅体验进行原型实验
- ☐ [2] 观看 Android 开发课程第 4 讲

本周：

- ☐ [4] 为新入职员工准备入门任务
- ☐ [4] 跟进团队在 codelab 上的进展
- ☐ [6] 撰写"第 4 章 投资迭代速度"的第一稿
- ☐ [1] 预订去纽约的机票
- ☐ …

图 3-2：我的待办事项列表中按优先级排列的任务

我用 25 分钟作为番茄钟的单位时间（你完全可以使用其他长度的单位时间）来估算并注释每个任务，比如"[4]在注册流程上添加性能监控"，表明该任务将需要 4 个番茄钟的时间。在一个正常的工作日里我会有 10 到 15 个番茄钟（5~7.5 小时）的时间，剩下的时间往往要用来开会或处理其他临时性工作。我会尝试尽可能把会议集中在一起，以最大限度增加连续的时间块。

有一个很有效的方法可以确保这种早上调整优先级的做法得以坚持下来，那就是让它成为我们日常工作的一部分。比如，当 Quora 总部还在帕洛阿托（Palo Alto）时，我在步行上班的路上完成这件事。我会在沿途的一家咖啡厅里坐下来，花 5~10 分钟喝一杯咖啡，同时回顾我的待办事项。这会帮助我确定在一天中要完成哪些重要的任务。此外，如果没有完成事先确定的优先事项，这段时间就给了我机会来反思原因：我是否在做其他更重要的工作？还是因为当前工作的优先级不正确？或者只是因为拖延？

如果一天中有空闲时间，我会选择一项任务，把它从"今天"移到"进行中"，然后开始工作。同样的，我知道自己在上午精力更旺盛，所以使用"如果……就……"计划来记录：如果在早上，我就选择需要更多脑力和创造力的任务。为了提高专注力，我通过修改 /etc/hosts 文件[28]屏蔽了 Facebook、Twitter 等网站，并使用一个称为"番茄计时器"的计时器软件来做 25 分钟的计时[29]。对正在做的工作计时可能看起来有点夸张（事实上我最近才开始这项尝试），但我发现这样做使我对自己花在某项任务上的时间有了准确估计，并且让我能够更好地对抗令人分心的事情。我跟踪自己在一项任务上花了多少个 25 分钟，主要是为了验证并了解我最初的估计是否准确。在每个 25 分钟之间，我会休息 5 分钟，做做伸展运动，查收邮件，或者浏览一下网页，然后继续工作。

完成一项工作后，我就把它划掉。Asana 会将它归档，并在我的默认项目视图中把它隐藏起来。在一天结束时，根据这个系统，我会清楚地知道自己今天的工作效率如何。我可以计算已经完成多少番茄钟，知道它是否与我之前所花的时间相同。我一周都在重复这个流程，当新的任务和想法出现时，如果它们是紧急的，我就会添加到"今天"或"本周"的任务列表中，否则就添加到我的积压任务中。

我还发现，坚持每周末用 30 分钟做工作计划，能够确保自己把时间都投在正确的工作上。在周日的下午或周一的早上，我会回顾所有已完成的优先事项，检查那些计划完成但未完成的事项，这样能使我了解这些工作被延迟的原因，并确定下周要完成哪些工作。Asana 可以很方便地定义自定义视图，比如，在过去一周完成了哪些工作。

我每天做的优先级调整通常只是对当前的工作进行微调，而每周的调整则让我有机会去做更大范围的修正。是否应该给某些重要但不紧急的工作投入更多的时间？也许构建更好的工具和抽象可以让团队更快地迭代并从中受益。或者我本来打算复习移动应用开发课程，但上周没有挤出时间，下周我可能会决定调整优先级，按照新的排序进行工作，我甚至可能会在日程中为这件事专门划出一些时间。每个月，我会定期（大约每月一次）对这个月的工作进展做更大的计划，并思考未来希望改变的事情。

这个系统现在对我来说运转得很好，尽管将来我可能还会尝试做出更多的调整。适用于你的系统可能会有很大不同，重要的不是遵循我的机制，而是找到一些能够帮助你养成定期调整优先级习惯的系统。这会迫使你反思自己是否将时间花在了杠杆率最高的工作上。

调整优先级是一件消耗时间和精力的困难工作，有时它会让我们感觉不到成效，因为看起来确实没有直接创造任何价值。也许你不想在需要休息和放松的时候做这件事情。没关系——你不必总是考虑事情的优先级。但是，当你想实现个人或职业目标时，就会发现调整优先级这件事具有很高的杠杆率。你会发现它极大地提升了你将正确的事情做好的能力。当你因此变得更有成效时，就会更有动力、更经常地调整工作的优先级。

本章要点

⊙ **写下待办事项清单并时常回顾**。将精力花在调整任务的优先级及处理任务上，而不是试图记住它们。将大脑当作处理器，而不是存储器。

⊙ **致力于直接创造价值的工作**。不要试图完成所有的工作，经常询问自己是否有更高杠杆率的工作可以做。

⊙ **重视重要但不紧急的工作**。应当调高可以提升效率的长期投资的优先级，即使它们没有截止日期所以不紧急。

⊙ **减少上下文切换**。为创造性的产出留出大块时间，并限制同时进行的项目的数量，从而避免将心力浪费在应付各种任务上。

⊙ **制订"如果……就……"计划来对抗拖延症**。将想做某事的意图与一个触发点绑定在一起，会大大增加完成这件事的可能性。

⊙ **培养调整优先级的习惯**。通过试验找出一个适合自己的工作流程。定期调整工作的优先级，你就更容易专注于完成杠杆率最高的工作。

第二部分　执行，执行，再执行

4

投资迭代速度

　　每一天，Quora 团队都可能发布其产品的 40 到 50 个新版本。[1] 我们采用一种称为"持续部署"的实践，可以自动发送要部署到生产环境的任何新代码。每一次变更平均只需 7 分钟就能通过数千次测试的审查，并获得许可，向数百万用户发布。这种情况每天都在发生，并且不需要任何人工干预。相比之下，其他大多数软件公司的发布频率则以周、月或者季度为单位，而且每次的发布过程可能需要几小时甚至几天。

　　对于没有经历过持续部署的人来说，这似乎是一个可怕或不可行的过程。我们是如何在不牺牲质量和可靠性的情况下，比其他团队更频繁地部署软件的（事实上，这种差别是数量级的）？我们为什么要如此频繁地发布软件？为什么不招聘一个质量保证团队对每一个发布的版本进行完整性检查，或者把这项工作外包出去？说实话，在 2010 年 8 月刚加入 Quora 时我也有类似的疑惑。新入职工程师的首要任务之一就是了解团队，融入团队。当我意识到自己在入职第一天编写的代码居然就会被发布到生产环境，我既感到兴奋，也有些担忧。

但在使用该流程 3 年后的今天，我很清楚地看到持续部署在帮助我们的团队开发产品方面发挥了重要作用。我在 Quora 的最后一年，我们的新用户注册数和用户参与度增加了 3 倍以上。持续部署，以及在迭代速度方面的投资，很大程度上促进了这种增长。[2]

我们对基础设施的一些高杠杆率投资使这样的高频率发布成为可能。我们构建了自动化的版本控制和打包工具，还开发了一个测试框架，它可以在测试环境的执行机上并行执行数千个单元测试和集成测试。如果所有的测试都通过，我们的发布脚本就会对部署在 Web 服务器上的最新产品进行测试，以进一步验证所有的代码是否都是按照预期执行的，然后将软件发布到生产环境，这被称为"金丝雀发布"。我们构建了全面的监控仪表盘和系统告警来监控产品的健康情况，并开发了一些工具，以便在出现错误代码时可以轻松地回滚变更。这些投资减少了每一次部署涉及的人工成本，并且使我们对每一次部署都照常进行充满了信心。

为什么持续部署的作用如此强大？从根本上说，它允许软件工程师部署小范围的增量变更，而不是其他公司通常所做的大范围的批量变更。这种方式上的转变消除了与传统发布过程相关的大量成本，使变更的原因更容易被了解，并使工程师能够更快地迭代产品。

例如，如果有人发现了一个 bug，持续部署就可以将修复 bug、部署代码到生产环境与验证其是否有效，整合为一个流程。而在传统的工作流程中，这三个步骤可能会分在几天或几周内进行：软件工程师必须修复 bug，再等待几天，将其与本周发布的其他更大的变更一起打包，然后与大量其他变更一起验证。这样的流程需要多次切换上下文，也消耗工程师更多的精力。

假设你需要将生产环境中的数据库表从一个模式迁移到另一个模式。变更现有模式的标准流程是：1）创建新模式；2）同时部署用以写入新/旧模式的代码；3）将现有数据从旧模式复制到新模式；4）部署代码开始从新模式读取数据；5）删除写入旧模式的代码。虽然每个变更单独看起来可能挺简单，但这些变更需要在 4~5 个版本中依次进行。如果每次发布需要一周的时间，加起来将是相当费时费力的。通过持续部署，软件工程师可以在几小时内部署 4~5 次这种迁移，而不必在随后的几周还要考虑这个问题。

因为每次变更都是以较小的批量进行的，所以发现问题后也更容易调试和修复。当出现某个 bug，或者某个性能或业务指标因发布的新版本而下降时，按周发布的团队通常必须从上周的数百个变更中找出问题。而如果采用持续部署，从过去几小时内部署的少量代码变更中找到问题并将其隔离，通常是一项简单的工作。

然而，增量部署变更并不意味着无法发布更复杂的功能，或者用户只能体验功能的"半成品"。一个复杂功能会被一个配置开关所控制，在该功能完全就绪之前，这个配置开关是禁用的。类似的配置开关允许团队有选择地为内部团队成员、测试版用户或部分生产流量启用某个功能，直到该功能全部开发完。在实践中，这也意味着要将变更增量地合并到主代码库中。这样做可以使团队避免紧张的配合协作与"合并地狱"——这种情况通常伴随着更长的发布周期，因为需要努力合并大量新代码，使其能一起正常工作。[3]

专注于小的增量变更，也为那些在传统发布流程中不可能实现的新技术打开了大门。假设我们正在产品研讨会上讨论是否应该保留某个功能。我们可以简单地记录所关注的交互，在部署后的几分钟之内就能看到初始数据，而不应该让个人观点和办公室政治决定该功能的去留，或是等到下一个发布周期才开始收集其使用数据。或者假设我们发现网站的某个页面出现性能倒退，可以花几分钟部署一个变更来启动日志，这样就可以得到页面时间耗费情况的实时分析，而不必通过扫描全部代码来确定性能回归测试的范围。

Quora 的团队并不是唯一一个强调快速迭代的重要性的团队。Esty[4]、IMVU[5]、Wealthfront[6]、GitHub[7] 以及其他科技公司 [8] 的工程团队也将持续部署（或是持续交付，即软件工程师可以选择和决定部署哪个版本）纳入工作流程。

卓有成效的工程师会在迭代速度上投入大量精力。在本章中，我们将了解为什么这些活动的杠杆率如此之高，以及如何优化迭代速度。首先，我们将讨论快速迭代的好处：可以开发更多东西，更快地学习。然后，我们将说明为什么在节省时间的工具上投资是至关重要的，以及如何提升它们的使用率和我们的自主性。由于大部分工程时间都花在调试和测试上，我们将介绍缩短调试和验证循环的益处。我们在整个职业生涯中使用的大多数核心工具基本保持不变，因此有必要一起回顾编程环境的使用习惯。最后，因为编程只是软件开发过程中的一个环节，我们将讨论为什么识别非工程瓶颈也很重要。

迅速行动，快速学习

在 Facebook 位于门洛帕克（Menlo Park）总部的走廊里，有一张海报，上面用红色的大写字母写着："MOVE FAST AND BREAK THINGS."[①]。这句口号使这家社交网络公司规模呈指数级增长，在短短 8 年内就获得了 10 亿以上的用户。[9] 新员工在 Facebook 为期 6 周的入职培训（Bootcamp）中 [10] 被灌输了迅速行动的文化。许多新员工，包括以前从未使用过 PHP（Facebook 网站的主要编程语言）的人，在工作的头几天就要把他们的代码发布到生产环境。Facebook 的文化

---

① 译注：意为快速行动，打破常规。

强调快速迭代和关注影响力，而不是保守和尽量减少错误。这家公司可能不会在生产环境中采用持续部署，但它已经设法有效地扩大了其工作流程的规模，使 1000 多名软件工程师能够以每天两次的频率将代码部署到 Facebook 网站，[11] 这是一个让人叹为观止的壮举。

Facebook 的增长说明了为什么投资迭代速度是高杠杆率的决定。迭代得越快，就能越快了解哪些做法可行、哪些不可行，从而构建更多的功能，尝试更多的想法。当然，并不是每一个变更都会产生正面的价值和正向增长。Beacon 是 Facebook 早期的广告产品之一，它会自动将用户在其他网站上的活动转播到 Facebook。该产品因为暴露用户隐私而引起轩然大波，不得不下线 [12]。但是随着每一次迭代，我们会更科学地了解哪些变更能将产品引向正确的方向，使我们未来的努力更加有效。

Facebook 首席执行官马克·扎克伯格（Mark Zuckerberg）在首次公开募股（IPO）时所写的信中提到了迅速行动的重要性。"迅速行动使我们能够开发更多东西，更快地学习知识，"他写道，"但是，大多数公司一旦成长起来，发展速度就会大大放缓，因为与行动缓慢导致错失良机相比，他们更害怕犯错……如果你从未打破常规，可能是因为你的行动速度还不够快。"[13] 秉持高速迭代的信念是 Facebook 能够走到今天的关键因素。

迅速行动不仅仅局限于面向消费者的网络应用软件，这些软件的用户对宕机时间往往更加宽容。事实上，Facebook 在过去四年里所发生的最严重的宕机只持续了 2.5 小时，比那些规模更大、行动更缓慢的公司所经历的宕机时间更短。[14] 快速行动并不等于鲁莽行动。

以 Wealthfront 公司为例，它是一家金融咨询服务公司，其办事处位于加利福尼亚州的帕洛阿托。Wealthfront 同时也是一家科技公司，其使命是以较低的成本为客户提供由大型金融机构和私人财富管理公司给出的财务建议。他们采用软件代替人工顾问来实现这一点。截至 2014 年 6 月，Wealthfront 公司管理了超过 10 亿美元的客户资产。[15] 在这样的资金规模下，任何代码故障都将造成巨大的损失。尽管如此，Wealthfront 还是在持续部署系统上投资，而且每天使用这套系统将新代码发布到生产环境 30 余次。[16] 尽管金融领域受到美国证券交易委员会和其他监管机构的严格监管，他们依然能够快速迭代。Wealthfront 的前首席技术官帕斯卡-路易斯·佩雷斯（Pascal-Louis Perez）解释说，持续部署的"主要优势是降低风险"，因为它让团队专注于小批量的变更，并且"当问题发生时快速确定其位置。"[17]

持续部署只是众多用于提高迭代速度的强大方法之一。其他方法还包括：投资节省时间的工具、改进调试周期、掌握编程工作流程，以及使用更广泛的方法——消除发现的任何瓶颈。我们将在本章余下的部分讨论这些策略的可操作步骤。所有这些方法都实现了与持续部署相同的目标：帮助我们快速行动，从而快速了解什么是可行的、什么不可行。请记住：由于学习的复利效应，越早加快迭代速度，学习的速度就会越快。

投资节省时间的工具

当我向软件工程领域的领导者请教哪些投资收益最高时，"工具"是最常见的答案。Facebook 的基础设施工程前总监鲍比·约翰逊告诉我："我发现几乎所有成功的人都编写过很多工具……预测某人未来是否会成功，有一个非常好的线索：为解决某个问题，他所做的第一件事是否就是编写一个工具。"[18] 同样，Twitter 平台工程前副总裁拉菲·科里柯瑞安（Raffi Krikorian）告诉我，他会不断提醒团队，"如果某个任务必须手动做两次以上，那么第三次就去编写一个工具"。[19] 一

天中的工作时间是有限的，所以我们影响力的扩展是无法通过加班来
实现的。工具是一个倍增器，它使我们能超越工作时间的限制，扩大
自己的影响力。

　　假设有两位软件工程师：马克和莎拉，他们分别在两个不同的项
目上工作。马克接到工作后立即埋头苦干，并且在接下来的两个月里
构建并发布了一些功能。而另一边，莎拉注意到自己的工作流程没有
预期的那么快，因此她花了头两周的时间来优化工作流程——设置代
码增量编译，配置网络服务器以自动重新加载新编译的代码，还编写
了一些自动化脚本，以便更容易在开发环境的服务器上设置测试用户
的状态。这些改进使她的开发周期缩短了 33%。马克最初能够完成更
多的工作，但两个月后莎拉就赶上来了——她后面 6 周在功能开发上
取得的成效与马克 8 周工作的成效是相同的。而且，即使在两个月以
后，莎拉的速度仍然比马克快 33%，这将明显增加她未来的工作产出。

　　这个例子有些简化。在现实中，萨拉不会把全部的时间都花在开
发工具上。相反，她会迭代地找出工作中最大的瓶颈，并找出哪些类
型的工具可以让她的迭代速度更快。但这个原则仍然适用：节省时间
的工具会带来丰厚的回报。

　　两个附加效应使莎拉的方法更有说服力。首先，工具越快，被使
用的频率就越高。如果从旧金山到纽约，唯一的交通方式是乘坐为期
一周的火车，人们就不会经常出行，但是自从 20 世纪 50 年代客运航
空公司出现以来，人们每年可以多次往返两地旅行。同样的，当一个
工具将我们每天要执行 3 次、每次 20 分钟的活动所需的时间减半时，
我们每天省下来的时间就会远远超过 30 分钟，因为我们会更频繁地
使用它。其次，使用更快的工具，可以实现以前不可能实现的新开发
流程。把这些影响综合起来，33%这个数字实际上可能还低估了莎拉
的速度优势。

我们通过持续部署已经看出了这种现象的原因：采用按周发布软件的传统流程的团队需要切换版本，将新版本部署到准生产环境，让质量保证团队对其进行测试，修复阻塞问题后再将其部署到生产环境，这些工作要花费很多时间。简化发布流程可以节省多少时间？有些人可能说每周最多几小时。但是，正如我们在持续部署中所看到的，将发布时间缩短到几分钟，意味着团队实际上可以更频繁地部署软件更新，也许可以每天更新 40~50 次。此外，团队可以交互式地调查生产环境中的问题——提出一个问题，然后部署一个变更来回答它——这本来是一项困难的任务。因此，每周节省的总时间远不止几小时。

还可以思考一下如何优化编译速度。2006 年我刚开始在谷歌工作时，为谷歌 Web 服务器及其依赖项编译 C++代码可能需要 20 分钟或更长时间，即使采用分布式编译也是如此。[20] 当代码需要这样长的时间来编译时，软件工程师就会有意识地决定减少编译的次数——通常一天内不超过几次。他们为编译器批量处理大块代码，并尽量在每个开发周期修复多个错误。自 2006 年以来，谷歌在减少大型程序的编译时间方面取得了重大进展，包括采用一些开源软件将编译阶段缩短为原来的 1/3~1/5。[21]

当编译时间从 20 分钟降为 2 分钟时，软件工程的工作流程将发生巨大变化。这意味着每天节省的时间远远不止一两个小时。软件工程师花在目视检查代码的错误和异常上的时间减少了，而更多的是依赖编译器来检查。编译速度更快也使得与迭代开发相关的新工作流程更方便，因为迭代分析、编写和测试较短的代码片段更容易。当编译时间降至秒级别时，增量编译（保存文件就会自动触发后台任务，开始重新编译代码）使得软件工程师在修改文件时就能看到编译器发出的警告和显示的错误，使编程比以前更具交互性。编译时间更短，意味着软件工程师每天将编译 50 次甚至数百次，而不是 10 次或 20 次，工作效率直线上升。

切换到具有交互式编程环境的语言也可以达到类似的效果。在 Java 中，测试一个小的表达式或函数，牵涉写代码、编译并运行整个程序这样一个批处理工作流程。但像 Scala 或 Clojure 这两种运行在 Java 虚拟机上的编程语言，与 Java 自身相比有一个优势，它们能够在"读取－求值－输出"循环（或称为 REPL）中快速且交互式地评估表达式。这不仅仅因为"读取－求值－输出"循环，比"编辑－编译－运行－调试"循环更快而节省了时间，还因为我们可以交互式地评估和测试更多在之前开发过程中未完成的表达式或函数。

还有很多其他的工具引入了新的工作流程，因而能节省更多时间。代码热加载技术，即服务器或应用程序可以在不完全重启的情况下自动切换至新版本代码，鼓励开发人员更多地采用增量变更的工作流程。由于采用持续集成后，每次提交代码都会触发一个进程来重新构建代码库并运行整个测试套件，因此可以很容易地识别是哪个变更破坏了代码，而不必浪费时间去寻找。

工具所能节省的时间也会随着团队对该工具的采用而成倍增加。如果团队中的 10 个人都使用一种每天节省 1 小时的工具，对团队而言每天就节省了 10 小时。这就是为什么像谷歌、Facebook、Dropbox 和 Cloudera 这样的公司都有专门的团队致力于改进内部开发工具。将构建时间减少 1 分钟，对于拥有 1000 名软件工程师、每人每天构建代码十几次的团队而言，就意味着每周节省了将近 1 人年的工程时间！因此，仅仅找到或构建一个节省时间的工具是不够的。为了使其效益最大化，还需要增加它在团队中的使用率。实现这一点的最好方法是向团队证明该工具确实节省了时间。

当我在谷歌的搜索质量团队工作时，大多数想为谷歌搜索结果页面创建新用户界面原型的人都会选择用 C++语言。对于需要高性能的生产环境而言，C++是一个很好的选择，但 C++的编译速度缓慢且代码冗长，不适合构造新功能原型和测试用户交互场景。

因此，在"20%的时间"里，我用 Python 构建了一个框架，让软件工程师可以为新的搜索功能快速开发原型。一旦我和团队开始大量构建一个又一个功能原型并在会议上演示它们，其他人很快就意识到他们用我的框架构建功能也会更有效率，即使这意味着他们要把当前的工作内容迁移过来。

有时，我们创建的用于节省时间的工具可能在客观上优于现有工具，但这种转换成本会使其他软件工程师不愿意真正改变其工作流程，并学习我们的工具。在这种情况下，为了降低转换成本，并找到一种更顺畅的方式将工具集成到现有的工作流程中，投入额外的工作量是非常值得的做法。比如，可以让其他软件工程师只需要修改一个简单的配置就能切换到新工具上。

例如，我们在 Ooyala 构建在线视频播放器时，团队中的每个人都使用 Eclipse 插件来编译他们的 ActionScript 代码，ActionScript 是一种用于 Flash 应用程序的语言。不幸的是，这个插件不可靠，有时无法重新编译变更。除非仔细观察正在编译的内容，否则直到真正与视频播放器交互时才会发现变更丢失了。这导致开发过程缓慢且频繁出现混乱。最后我创建了一个新的基于命令行的构建系统，它可以产生可靠的构建结果。最初，由于需要从 Eclipse 剥离构建工作流程，只有少数团队成员采用了我的系统。因此，为了增加使用率，我花了一些额外的时间，将构建过程集成到 Eclipse 中。这个举动大大降低了迁移成本，从而说服了团队中的其他人改用新的构建系统。

向人们证明你的工具能够节省时间的一个好处是，它为你赢得了与主管和团队在未来探索更多想法的空间。要说服别人相信你的想法有价值是很困难的。乔为了好玩在一周内重新编写的新 Erlang 部署系统，真的能产生实际的业务价值，还是说这只是一种无法维护的技术债？与其他项目相比，节省时间的工具提供了可衡量的价值，所以你可以用数据客观地证明你的时间投资获得了积极的回报（或者反过来，向自己证明这项投资是不值得的）。例如，如果你的团队每周花 3 小时应对服务器崩溃，而你花 12 小时创建了一个工具来自动重新启动崩溃的服务器，那么很明显，这个时间投资在一个月后就会盈亏平衡，并在未来继续产生收益。

在工作中，我们很容易陷入一个无穷无尽的循环，永远在追赶下一个截止日期：完成下一件事，发布下一个新功能，清除积压工作中的下一个 bug，以及响应永无止境的客户请求流中的下一个问题。我们可能有过构建一些工具让工作更轻松的想法，但这些工具的长期价值很难量化，而推迟截止日期所带来的短期成本或产品经理紧紧盯着完工日期所带来的压力却是相当具体的。

所以，要从小事做起。找到一个可以用工具节省时间的领域，构建出工具并展示其价值。你将获得更多的资源和空间去探索更具雄心的想法，还会发现所构建的工具能够使你更高效地处理未来的任务。构建工具是一项重要但不紧急的工作任务，不要因为不断发布新功能的压力而将它搁置起来。

缩短调试验证周期

希望代码没有 bug 且一次就运行成功是很天真的想法。实际上，我们大部分的时间要么在调试，要么在验证功能是否符合预期。越早内建这种认知，就能越早有意识地在调试和验证周期中提升迭代速度。

在这个领域，创建正确的工作流程与投资节省时间的工具同样重要。很多软件工程师都熟悉最小的、可重复的测试用例的概念。这指的是最简单的测试用例，用来测试 bug 或演示问题。一个最小的可重复的测试用例消除了所有不必要的干扰，使我们可以将更多的时间和精力花在核心问题上，而且它创建了一个紧密的反馈循环，这样我们就可以快速迭代。要隔离这个测试用例，可能需要从短程序或单元测试中删除所有不必要的代码，或者确定用户重现问题时必须采取的最短步骤序列。然而，我们中很少有人能在迭代修复 bug 或开发新功能时扩展这种思路，并创建最小的工作流程。

作为软件工程师，我们在测试产品时可以绕过正常的系统行为以及用户交互。我们可以花一些时间，通过编程的方式构建更简单的自定义工作流程。假设你正在开发一个 iOS 社交应用，并且发现向朋友发送邀请的流程中有一个 bug。你可以通过与所有普通用户一样的三个步骤（切换到"好友"选项卡，从联系人中选择某个人，编写邀请消息）进入邀请流程；你也可以花几分钟时间连接应用程序，来创建一个更短的工作流程，这样每次应用程序启动时，你都可以检查邀请流程中容易出错的部分。

假设你正在开发一个分析类网络应用程序，需要对一个高级报表功能进行迭代，但是从主页开始跳转多次才能进入该报表页面。也许你还需要配置某些过滤器，并自定义日期范围来读取正在测试的这个报表。你也可以不走正常的用户流程，而是添加由 URL 参数指定配置的功能来缩短工作流程，这样就可以立即跳转到相关报表页面。你甚至可以构建一个专门加载你所关心的报表组件的测试工具。

还有第三种情况：假设你正在为某 Web 产品构建一个 A/B 测试，根据用户的浏览器 cookie 向他们显示某一随机的功能变量。为了测试这些变量，你可以对选择不同变量的条件语句进行硬编码，并不断改变硬编码的内容以在变量之间切换。根据你使用的语言，这可能每次都需要重新编译代码。或者，你可以构建一个内部工具来缩短工作流程，这个工具将浏览器 cookie 设置为某个值，该值可以在测试期间可靠地触发某个功能。

通过以上三个示例，我们详细说明了缩短调试周期带来的显著优化效果。但这些示例都是来自顶级科技公司的软件工程师所面临的真实场景——在某些情况下，他们在较慢的工作流程下工作了几个月后，才意识到只要投入一点时间就能缩短它。而当他们最终做出改变并且能够更快地迭代时，总是捶胸顿足地懊悔为什么没有早点这么做。

当你全身心投入，测试一个 bug 或者开发新功能时，最不想做的就是增加更多新的任务。如果采用现行的工作流程比较有效，尽管会多一些额外的步骤，你也很容易感到满足，不愿意花费精力去设计一个更短的流程。不要掉进这个陷阱，在设计最小调试工作流程上的额外投资，不仅有助于更快地修复那些讨厌的 bug，而且能减少很多麻烦。

卓有成效的工程师知道，调试会占据软件开发工作中的大部分时间。他们几乎本能地知道应该在什么时候进行前期投资来缩短调试周期，而不是为每次迭代支付时间税。这种本能来自他们对重现问题的步骤的关注，以及他们对这些步骤中有哪些捷径的思考。著名的照片分享应用 Instagram 的联合创始人兼首席技术官迈克·克里格在一次采访中告诉我："卓有成效的工程师有一种类似强迫症的能力，可以为他们正在测试的东西创建严密的反馈循环。他们是这样的人：如果正在处理 iOS 应用上照片发布流程中的一个 bug……他们凭本能只花 20 分钟就可以把各步骤串起来，这样的话每次只需按下一个按钮，他们就能抵达流程中他们想要的确切状态。"

下次当你修复一个 bug 或迭代一个功能时，如果发现自己在重复同样的动作，请暂停，花点时间考虑一下是否能够缩短这个测试周期，从长远来看，这样做可以节省大量的时间。

熟练掌握编程环境

在我们的职业生涯中，无论构建什么类型的软件，每天需要使用的许多基本工具几乎都是一样的。我们在文本编辑器、集成开发环境（IDE）、网络浏览器和移动设备上花费了无数时间。我们使用版本控制和命令行工具。此外，编程还需要掌握某些基本技能，包括代码导航、代码搜索、文档查找、代码格式化等。鉴于我们在编程环境中花费了大量时间，我们的效率越高，作为软件工程师就越有成效。

我曾与谷歌的一位软件工程师共事，他每次想浏览另一个文件中的代码时，都会用鼠标浏览 Mac Finder 的文件夹层次结构。假设他每天需要切换文件 60 次，找到文件需要 12 秒，这就意味着他每天在文件切换上要花费 12 分钟。如果他学会使用一些文本编辑器的键盘快捷键，就可以在 2 秒而不是 12 秒内找到一个文件，那么一天下来可以节省 10 分钟。这相当于每年节省 40 小时，也就是整整一周的工作时间。

还有许多其他简单且常见的工作，不同的人完成它们的时间差别很大，包括：

- 跟踪版本控制中的变更。
- 编译或构建代码。
- 执行单元测试或程序。

- 在开发环境中重新加载包含新变更的网页。

- 测试某个表达式的结果。

- 在文档中查找某个特定函数的使用方法。

- 跳转到某个函数的相关定义。

- 在文本编辑器中重新格式化代码或数据。

- 查找函数的调用者。

- 重新排列桌面窗口。

- 将光标移动到文件中的特定位置

对那些简单操作的效率进行微调，这里省一秒那里省一秒，乍看起来似乎不太值得。它需要前期的时间投资，而且刚开始尝试新的、不熟悉的工作流程时，我们的工作效率还会降低。但是，考虑到在我们的职业生涯中会成千上万次地重复这些动作：随着时间的推移，这些微小的改进很容易产生复利效应。当我们第一次学习键盘盲打时，不看键盘可能在刚开始会减慢输入速度，但巨大的、长期的效率提升让我们在盲打上投资的时间变得有价值。同样，没有人能够在一夜之间就掌握这些技能，熟练运用某项技能是一个过程，而不是一个单独的事件，随着你对这些技能得心应手，节省下来的时间就会开始积累。关键在于要注意日常工作中哪些操作会拖慢我们，然后找出更有效地执行这些操作的方法。幸运的是，几十年来已经有不少软件工程师先于我们总结出这些经验，很可能有人已经创建了我们需要的工具，可以加快那些最常见的工作流程。通常，我们所需要做的就是花点时间好好学习它们。

以下这些方法可以让你逐渐掌握这些编程基础技能：

- **熟练使用自己最喜欢的文本编辑器或 IDE**。关于哪一个文本编辑器（Emacs、Vim、TextMate、Sublime 等）最好，有无数的争论。对你来说，最重要的是掌握使用得最多的那种工具。可以在网上搜索如何提升这个工具的生产力；问问比自己更高效的朋友和同事，是否介意你在他们编程的时候观摩一会儿；找出高效的文件导航、搜索/替换、自动补全，以及其他文本操作和文件操作的常见任务工作流程，学习并实践。

- **至少学习一种高效的高级编程语言**。在需要快速完成某项工作时，解释型脚本语言要比编译型语言更加高效。根据经验，像 C、C++和 Java 这样的语言在代码行数上往往比 Python 和 Ruby 这样的高级语言冗长 2~3 倍；此外，高级的语言具有更强大的内建类型，包括列表推导式、函数式参数和解构赋值。[22] 一旦将从错误或 bug 中恢复所需的额外时间计算进来，绝对时间差就开始产生复利。为低效的编程语言编写样板代码的每一分钟都没有花在解决问题的核心上。

- **熟悉 UNIX（或 Windows）Shell 命令**。使用基本的 UNIX 工具来操作和处理数据，而不是编写 Python 或 Java 程序，可以将完成任务的时间从几分钟缩短到几秒。学习 grep、sort、uniq、wc、awk、sed、xargs 和 find 等基本命令，所有这些命令都可以通过管道连接来执行更高级的转换。如果不确定某个命令的作用，请阅读 man 手册中的文档。可以记录或收藏一些常见的命令组合。[23]

- **多用键盘，少用鼠标**。经验丰富的程序员会训练自己尽可能地用键盘在文件中跳转、启动应用程序，甚至浏览网页，而不是用鼠标或触控板。这是因为我们的手在键盘和鼠标之间来回移动需要时间，而且考虑到来回切换的频率，这个习惯相当值得

优化。许多应用程序都为常见操作设置了键盘快捷键，大多数
文本编辑器和 IDE 都提供了将自定义的快捷键与特殊操作绑
定的功能。

- **自动化手动工作流程。**提升自动化技能需要时间，无论是使用
  Shell 脚本、浏览器插件还是其他东西。但是掌握这些技能所
  需的成本越低，我们就会用得越频繁，同时也就越擅长这些技
  能。根据经验，一旦手动执行某任务三次或以上，我就会开始
  考虑是否值得将其自动化。例如，从事 Web 开发的人都经历
  过这样的流程：编辑网页的 HTML 或 CSS 文件，切换到网页
  浏览器，再重新加载页面以查看变更。如果创建一个工具，在
  保存变更时自动刷新网页，不是更高效吗？[24, 25]

- **在交互式解释器上测试新想法。**在许多传统语言中，如 C、
  C++和 Java，即使测试一个小表达式也需要重新编译程序并运
  行。然而，像 Python、Ruby 和 JavaScript 这样的语言都有解
  释器，允许实时计算并测试表达式。使用解释器可以帮助你建
  立对程序按预期运行的信心，并显著提高迭代速度。

- **仅运行与当前变更相关的单元测试。**使用测试工具仅运行与改
  动代码相关的测试用例。最好将该工具与文本编辑器或 IDE
  集成，以便按几次键就可以执行测试。一般来说，无论是调用
  测试还是运行测试，其速度越快，你就会越多地将测试作为开
  发工作中的一部分——并且节省更多的时间。

考虑到我们在编程环境中花费的时间，掌握这些每天多次使用的
基本工具是一项高杠杆率的投资。它让我们将有限的时间从编程本身
转移到更重要的问题上。

不要忽视工程以外的瓶颈

提高迭代速度的最佳策略与优化系统性能的是一样的：找出最大的瓶颈，并想办法消除。这并不容易实现，因为虽然工具、调试流程和编程环境可能是软件工程师能直接掌控的部分，但有时它们并不是导致效率低下的唯一瓶颈。

工程以外的瓶颈也可能降低迭代速度。客户支持部门在收集错误报告的详细信息时可能会很慢。公司可能有服务水平协议以保证客户的正常访问时间，这些协议可能会限制发布新版本的频率。或者你的组织可能有特定的流程，而你必须遵循。卓有成效的工程师能识别并解决工作中最大的瓶颈，即使这些瓶颈不涉及开发或是在他们的舒适区内。他们会积极主动地尝试在自己的影响范围内优化流程，并尽最大努力在自己控制范围之外的领域开展工作。

一种常见的工作瓶颈是对他人工作的依赖。产品经理在收集我们需要的客户需求时可能很慢；设计人员可能没有为关键工作流程提供Photoshop 界面草图；另一个团队可能没有按时交付其承诺的某个功能，这些都影响了我们的开发进度。虽然可能存在某些人懒惰或能力不足的情况，但通常的原因都是优先级错位，而不是负面意图。比如，前端团队可能计划本季度交付一个面向用户的功能，而该功能依赖于后端团队提供的一项关键功能；但是后端团队可能会将这个关键功能排在其优先级列表的末尾，放在处理扩展性和可靠性等其他一系列事项之后。这种优先级的错位使我们很难成功。越早意识到必须亲自解决这个瓶颈，我们就越有可能调整目标，或者对那个关键功能的优先级达成共识。

处理与人有关的瓶颈时，沟通至关重要。在项目会议或每日站立会议上，务必要求团队成员报告最新情况和所做的工作。定期与产品经理联系，以确保我们所需的东西没有被放弃。对于在线下面对面确定的关键行动和日期，要书面（电子邮件或会议记录）沟通进展。项目失败往往是因为沟通不足，而不是沟通过度。因为资源的限制，那些我们依赖于他人工作成果的工作没法更早地交付，如果明确了优先级和期望，我们就可以提前规划，并采用替代方案。例如，我们可以决定自己来处理项目中的依赖，即使需要额外的时间来学习如何处理，但也能更快地发布想要完成的功能。除非经常与对方沟通，否则我们是很难做出这个决定的。

另一种常见的瓶颈是获得关键决策者（通常是公司的高管）的批准。例如，我在谷歌时，对搜索结果的用户界面（UI）所做的任何变更，都需要在每周的 UI 审查会议上获得时任副总裁玛丽莎·梅耶尔的批准。这些周会上的审查时间有限，再加上要审查的内容很多，有时一个变更要进行多轮审查。

这样的瓶颈通常不在软件工程师的控制范围内，所以我们能做的往往只有绕开它们。要专注于尽快获得支持。梅耶尔会不定期召开办公会议 [26]，那些能够完成任务的团队正是利用这些非正式会议，尽早地、频繁地征求反馈意见的。不要等到投入大量工程时间后才去寻求最终的项目审批。相反，要优先构建原型，收集早期数据，进行用户研究或其他任何能够使项目获得初步批准的前期准备。明确地询问决策者们最关心的是什么，这样就可以确保把这些细节做好。如果无法与决策者会面，那就与产品经理、设计师或其他与决策者密切合作的人沟通，深入了解他们与决策者沟通的思考过程。我听过无数这样的故事：软件工程师们准备发布自己的工作成果，却在最后一刻才从关键决策者那里得到反馈，要求他们做出重大改变——而这些改变会使团队数周的努力付诸东流。不要让自己成为这样的人，不要将批准推迟到最后。我们将在第 6 章更深入地探讨早期反馈这个主题。

第三类瓶颈是伴随项目而启动的审查流程，无论是质量保证团队的验证、性能团队的可扩展性或可靠性评审，还是安全团队的审查，都可能成为瓶颈。我们很容易太专注于某个功能的上线，以至于将这些评审推迟到最后一刻再进行——直到那时才意识到负责确认工作内容的团队并不知道我们的发布计划，并且两周后才有时间给我们做审查。因此，要提前计划，就应该在协调上花费更多精力，否则这些流程可能会显著降低迭代速度。请按照发布核查清单中的要求进行操作，不要等到最后才安排必要的审查。再次强调，积极沟通是确保审查流程不会成为瓶颈的关键。

在较大的公司，解决瓶颈问题可能超出我们的能力范围，我们只能避开这些问题。而在规模较小的初创公司，我们通常可以直接解决瓶颈问题本身。例如，当我开始在 Quora 的用户增长团队工作时，我们的大多数实时流量实验的设计都必须获得批准。审批会议就是一个瓶颈。但随着时间的推移，我们通过建立相互信任消除了这个瓶颈：创始人知道我们的团队会做出最好的判断，并对可能有争议的实验征求反馈。不需要确保每一个实验都获得批准，这意味着我们的团队可以以更快的速度迭代，并尝试更多的想法。

鉴于瓶颈有各种不同的形式，高德纳（Donald Knuth）那句经常被引用的名言"过早优化是万恶之源"是一个很好的寻找瓶颈的启发式方法。例如，在谷歌为搜索界面变更而构建的持续部署，不会对迭代速度产生太大影响，因为每周的 UI 审查是一个更大的瓶颈。最好花时间研究一下如何才能加快审批进程。

找出迭代周期中最大的瓶颈，无论它们是工程工具、跨团队依赖、决策者的批准还是组织流程，然后努力优化它们。

本章要点

⊙ 迭代的速度越快，学到的东西就越多。相反，为了避免错误而行动太慢，就会错失很多机会。

⊙ 在工具上投资。具有更快的编译速度、更短的部署周期和开发周期的工具都能节省时间，而使用它们的次数越多，在复利效应下获得的益处就越大。

⊙ 优化调试流程。不要低估花在验证代码有效性上的时间。投入足够的时间来缩短这些工作流程。

⊙ 提升使用工具的技能。在日常使用的开发环境中保持轻松和高效。这将为我们的职业生涯带来回报。

⊙ 从整体上考虑迭代周期。不要忽视任何可能存在于我们影响范围内的组织和团队的瓶颈。

5

正确度量改进目标

加入谷歌的搜索质量团队后不久，我开始与一个专注于提升用户愉悦感的团队合作。用户在谷歌的搜索框中输入一个查询，复杂的算法就会对数十亿个可能的网页、图像和视频进行筛选。这些算法会计算 200 多个指标，比如页面排名、锚文本匹配度、网站新鲜度、关键字匹配的接近度、同义词或者地理位置 [1]，并在几百毫秒内返回排名前十的结果。[2] 但是，怎样才能知道用户找到了他所需要的信息，并对搜索结果感到满意呢？我们的直觉可能会认为某种用户界面更好，或者某个指标权重组合最优。但如果没有一种可靠的方法来度量用户愉悦感，就很难确定对搜索结果页面的特定变更真的提升了用户体验。

评估用户愉悦感的方法之一是直接询问用户的体验。负责谷歌搜索质量和用户愉悦感的技术主管丹·罗素（Dan Russell）在他的实地研究中就采用了这个方法。他通过访谈来理解是什么让人们认可搜索结果以及他们为什么要查询这些关键词。[3] 罗素在演讲中解释说，用户愉悦感与其搜索成功后获得的那种"愉悦感"相关，比如，搜索"天气"，然后搜索结果中有一周天气预报的卡通效果，或者搜索"28 欧元兑美元……"，然后搜索引擎就自动显示货币兑换的结果。[4] 虽然增加用户愉悦感是一个有价值、可称道的概念，但愉悦感本身是很难量化的；作为日常决策的操作指南，它并不可以被收集和监测。利用谷歌每月记录的 1 亿多活跃用户的行为数据会更加有效。[5]

谷歌记录了人们搜索时产生的宝贵数据——他们点击了什么、如何改进搜索词、何时点击鼠标跳到下一个搜索结果页面 [6,7]——也许衡量搜索质量的最直接的指标是搜索结果的点击率。但作为指标，点击率是有缺陷的：用户可能点击了一个看似合理的结果，却着陆到一个无法满足他搜索意图的低质量网页上；而且，在找到想要寻找的内容（或者甚至可能放弃尝试）之前，他甚至可能不得不在多个查询的结果之间来回跳转。显而易见，点击率虽然重要，但还不够。

十多年来，谷歌一直对其用于指导搜索质量实验的关键指标保密。但在 2011 年出版的 *In the Plex*[①] 一书中，史蒂文·列维（Steven Levy）终于对这个问题做了一些解释。他透露，谷歌用于衡量用户愉悦感的最佳指标是"长点击"：当有人点击了一个搜索结果，但没有返回搜索页面，或者长时间停留在结果页面时，就表明发生了长点击。长点击意味着谷歌已经成功返回了用户所期望的结果。另一方面，"短点击"，即用户点击一个搜索结果后，立即返回到搜索页面点击另外一个搜索结果，则表明用户对搜索结果不满意。这些不满意的用户会倾向于改变他们的搜索关键词或进入下一个搜索结果页面。

如果一组结果的长点击率比较高，[8] 那么它就会比另一组结果让用户更愉悦。这个长点击率指标被证明是一个极为有效的通用度量指标。

---

① 译注：此书有繁体中文版，书名为《Google 总部大揭密》。

例如，一个团队花了多年时间来开发一个姓名检测系统。谷歌排名团队的负责人阿米特·辛哈尔（Amit Singhal）早前就观察到一个问题：当人们搜索"audery fino"时，谷歌会返回大量女演员奥黛丽·赫本（Audrey Hepburn）的意大利语页面（fino 在意大利语中的意思是"美好"），但没有一条搜索结果是关于总部在马耳他的奥黛丽·菲诺（Audrey Fino）律师事务所的。鉴于谷歌搜索的关键词中有 8%是名字，这个案例揭示了一个巨大的问题。为了帮助训练分类器①，他们从白页公司（White Pages）②获得了数百万姓名的使用许可。但即使是大量的姓名数据也无法回答这样一个问题：搜索"houston baker"的人是在寻找一名得克萨斯州的面包师，还是一个名叫"Houston Baker"的人。为了回答这个问题，他们还需要根据数百万次长点击和短点击来确定哪些结果符合用户的意图，哪些不符合。通过这种机制，辛哈尔的团队成功地让分类器明白，用户的真实意图取决于其地理位置——他是否在得克萨斯进行搜索。[9]

同样，软件工程师大卫·贝利（David Bailey）刚开始研究通用搜索时，即使仅用单个查询来搜索谷歌的所有语料库——图片、视频、新闻、地点、产品等，就遇到了处理不同结果类型的相对重要性权重的难题。有人搜索"可爱的小狗"，可能是想看图像和视频；有人搜索"中美关系"，可能是想看新闻；有人搜索"帕洛阿尔托餐厅"，可能是想查看网友对餐厅的评价和地图。决定哪种类型的搜索结果排名应该更靠前，就像比较苹果和橘子哪个更好吃一样困难。解决方案的一部分还是分析长点击数据以分辨用户的查询意图。那些搜索"可爱的小狗"的用户是否曾经点击并花时间浏览过更多的图片或网页结

---

① 译注：分类是机器学习领域常见的问题之一，分类算法通过学习数据样本而形成模型，以便能够识别新数据的类型。

② 译注：White Pages 是一家个人和美国主要商业网站的联系方式供应商，为一些大型网站的搜索服务提供帮助。

果？通过长点击和其他指标，贝利的团队能够准确地将来自不同语料库的结果与合理的、数据驱动的排名结合起来。[10] 今天，我们认为谷歌能搜索一切是理所当然的，但在这家公司成立后的十多年里，情况并非如此。

我在谷歌的经历证明了一个精心挑选的度量指标的力量，以及它解决各种问题的强大能力。谷歌每年都要进行数千次的实时流量搜索实验，[11] 对指标的依赖在确保搜索质量和抢占市场份额方面发挥了关键作用。

在本章中，我们将研究为什么度量指标是卓有成效的工程师的重要工具，以及为什么它不仅能衡量工作进展，还能推动工作进展。我们将看到使用不同的关键指标（或者根本不使用）可以完全改变哪些工作的优先级。我们将介绍系统监控的重要性，它可以增进我们对正在发生的事情的了解。我们将探讨如何采纳一些有效数字，从而缩短决策的过程。最后，我们将讨论为什么需要质疑数据的完整性，以及如何抵御坏数据的影响。

用指标推动进展

度量工作进展和绩效似乎是上级职责范围的事，但它实际上也是我们评估自己的效率和确定工作优先级的有力工具。正如彼得·德鲁克（Peter Drucker）在《卓有成效的管理者》中指出的，"如果你不能衡量它，你就无法改进它。"[12] 在产品开发中，经常有这样的情况：产品经理构思一些新功能，然后软件工程师构建并发布这些功能，最后团队庆祝新功能上线——这整个过程中没有采用任何机制来度量新功能是否真的改善了产品体验。

好的指标可以实现许多目标。第一，它们可以帮助我们专注于正确的事情。借助于这些指标，我们可以确认产品的变更以及我们付出的努力是否达到了目标。怎么知道在产品中添加的新奇组件是否提高了用户参与度？或者速度优化后是否解决了性能瓶颈问题？又或者新的推荐算法是否为用户提供了更好的建议？在回答此类问题时，保持自信的唯一办法是定义一个与目标相关的指标——无论该指标是每周用户活跃度、响应时间、点击率，还是其他什么指标——然后度量变更所带来的影响。如果没有这些指标，我们就只能根据直觉行动，但几乎没有办法能确定直觉是否正确。

第二，好的指标有助于防止问题复现，对其在某段时间内的值可视化，就可以发现问题。软件工程师都知道在修复 bug 的同时编写回归测试的价值：它可以确认补丁真的修复了 bug，并检测这个 bug 将来是否会复现。好的指标有类似的作用，但其在整个系统范围内发挥作用。假设产品注册率下降了，在调查中你可能会发现，是 JavaScript 库最近的变更导致 IE 浏览器出现 bug，而你很少测试这个浏览器。如果应用程序的延迟激增，这可能是在告诉你，新添加的特性给数据库带来了太大负载。如果没有一个展示注册率、应用程序延迟和其他有用指标的仪表盘，就很难识别这些已修复的问题是否复现。

第三，好的指标可以推动进步。在 Box，软件工程师们非常关心应用程序的延迟，这是一家为企业市场营销构建协作软件的公司。一个专门的性能团队为了将主页的加载时间缩短几秒而努力工作了三个多月。但是，其他应用团队推出的新功能又把这几秒的时间加了回来，导致页面加载速度并没有得到提高。Box 的工程副总裁山姆·席拉斯（Sam Schillace）在与我的一次交流中，介绍了一种称为"性能棘轮"的技术，他们现在在用它来解决这个问题，并对性能指标的提升施加压力。棘轮是一种机械装置，它允许边缘有许多齿的轮子朝一个方向旋转，同时防止其向相反方向运动。在 Box，他们使用指标来设定一个阈值，称之为性能棘轮。任何会导致延迟或其他关键指标超过棘轮的新变更都不能部署，除非将其优化到阈值内，或者其他一些功能得到平衡性的改进。此外，每次性能团队进行系统级的改进时，他们就会进一步降低性能棘轮的值。这种做法保证了产品性能朝着正确的方向发展。

第四，一个好的指标让我们可以衡量自己一段时间内的成效，并比较我们正在做的事情与其他可以做的事情的杠杆率。如果过去我们每周能够提高 1%的性能或用户参与度，这个数字就可以作为确立未来目标的基准。该指标还可以用于对产品路线图上的任务优先级排序，这样我们就可以估算某项任务的预期时间投资所产生的影响，然后将其与我们的历史数据做比较。如果在一周内可以将指标提高 1%以上，这个任务便具有更高的杠杆率；而影响力较小的任务将被降低优先级。

用指标来量化目标并不容易。例如，修复了单个 bug，其效果可能在产品中是可见的，但不会对核心指标造成太大影响。但是持续地修复 bug 后，其效果可能会体现在某些指标的变化上，无论是用户的投诉减少，应用商店中用户的评分增加，还是产品质量提升。即使这些看似主观的概念也可以通过用户调查来量化。此外，很难度量一个目标，并不代表不值得这样做。我们经常会遇到这样棘手的情况：直觉上认为有些东西似乎很有价值，但却很难量化，或者需要花费太多的精力去度量。

尽管如此，考虑到好指标带来的益处，我们还是有必要问问自己：

- 有什么方法可以度量我所做的事情的进展吗？
- 如果我正在做的某项工作无法改变核心指标，还值得做吗？或者是否缺少关键指标?

那么，如何选择好的指标呢? 接下来我们就会讲到。

用正确的指标激励团队

选择度量对象和度量本身一样重要。作为软件工程师，我们经常为团队设置指标和目标，或者努力改进那些为我们设定的指标。我们往往擅长解决问题，擅长对设定的指标进行优化。然而，最关键的一点是，选择什么样的指标来度量，会对我们的工作类型产生巨大的影响。正确的指标犹如北极星，使团队朝着一个共同的目标努力前进;而错误的指标可能会导致团队的努力前功尽弃，甚至与目标南辕北辙。

我们来看几个不同指标对团队行为产生不同影响的例子。

* **每周的工作时长 vs.每周的生产率**。在初创公司的头五年，我经历了几个关键时期，工程主管为了更快地交付产品，要求每周工作 70 小时。我从来不认为这对团队来说是正确的决定。工作时间一旦延长到这个程度,加班时每小时的边际生产率就会下降。每小时平均生产率下降，错误率和 bug 增加，工作倦怠感加剧，离职率上升（这些成本难以衡量），而且加班之后通常会紧跟着一段等量的"低效时间"，因为员工会试图弥补因为加班而牺牲的正常生活。[13] 最终，通过增加每周工作时间来提高产出的做法是不可持续的。更合理的做法是，将指标与每周的生产率相匹配，重点领域的生产率是由产品质量、网

站速度或用户的增长等因素来度量的。

- **点击率 vs.长点击率。** 在研究搜索或推荐的排名时，常用的方法是使用点击率来衡量搜索结果的质量。然而，正如前面所讨论的，当"短点击"（用户只点击一个表面上相关的链接就返回搜索页面，转而尝试另一个链接）使结果出现偏差时，优化点击率就可能会出现问题。虽然"短点击"似乎提高了点击率指标，但它实际上表明该页面和搜索是不相关的，这就是谷歌度量"长点击"的原因。"只有当某个人点击进入某个搜索结果页面，最好是排在最前的那个，并且没有返回去继续搜索时"，史蒂文·列维在他的书 *In the Plex* 中写道，"才意味着谷歌已经成功地满足了用户的搜索需求。"[14]

- **平均响应时间 vs.第 95 或 99 百分位的响应时间。** 谷歌、雅虎、亚马逊和 Facebook 的大量研究表明，网站的响应速度对用户很重要。[15, 16, 17, 18] 但是，应该如何度量响应速度呢？关注平均响应时间还是关注第 95 或 99 百分位的响应时间，会导致工作的优先级完全不同。要减少平均响应时间，我们就会更关注通用基础设施的改进，使得对全部页面请求的响应时间减少几毫秒。如果我们的目标是减少总计算资源的使用时间，以此降低服务器成本，那么平均响应时间就是正确的指标。但是，要减少第 95 或 99 百分位的响应时间，则需要寻找系统中对性能影响最大的操作。在这种情况下，关注响应最慢的用户操作很重要，因为它们往往反映了重要用户的体验——拥有最多数据且最活跃的那些用户，为他们服务的计算资源成本往往更高。

- **已修复的 bug vs.未修复的 bug。** 一位曾经在 Adobe 从事质量保证工作的朋友分享了一个故事,讲述他的团队如何奖励修复了 bug 的开发人员。不幸的是,这样的奖励只会鼓励开发人员在构建新功能时不严格做测试:他们会给自己留出机会,以便日后修复容易出现的 bug 并获得更多的奖励积分。所以,跟踪未修复的 bug 的数量,而不是已修复的 bug 数量将会减少这种行为的发生。

- **注册用户数 vs.注册用户数的周增长率**。在增长产品的用户群时,注册用户数的增长是很有诱惑力的,看到这个指标的变化曲线一路向上、向右攀升会让我们感到莫大的满足。不幸的是,这些数字并不能表明产品的用户数在持续增长。一篇好的媒体文章可能会引发一次性的脉冲式增长,但不会产生长期影响。另一方面,以注册用户数的周增长率来度量增长(例如,一周内新注册的用户数与注册用户总数的比率),可以清楚地显示用户的增长是否在放缓。

- **每周活跃用户数 vs.按注册时长分组的每周用户活跃率**。在跟踪用户参与度时,每周活跃用户的数量并不能提供全景图。即使随着时间的推移,产品的变化将降低用户参与度,但每周的活跃用户数可能也会暂时增加。用户先前可能是随大流而注册的,而产品变化的长期影响还没有及时反映在总用户数上。用户在注册后比以前更有可能流失并放弃使用产品。另一种更准确的指标是按注册时长将用户分组,并跟踪不同分组用户的周活跃率。换句话说,度量注册后第 n 周仍然保持每周活跃的用户比例,并跟踪该数字随时间变化的情况。产品的变化如何影响新老用户的参与度,这个指标为我们提供了更有效的参考。

以上这些例子表明，目标的进展可以通过多种指标来度量。此外，度量标准的目标量级也很重要。例如，如果我们的目标是减少网站延迟，但并没有具体的目标，可能就会满足于小的、渐进式的改进。但是，如果我们的目标是将页面加载时间从目前的几秒大幅降低到 400 ms 以下，可能就需要削减功能，重新构建系统，或采用更快的编程语言重写瓶颈。如果我们设置了更宏伟的目标，那么解决小问题的意义就不大了。指标的选择会影响我们的决策和行为。

不度量也很重要。在《回头客战略》（*Delivering Happiness*）一书中，Zappos 公司的首席执行官谢家华（Tony Hsieh）分享了一个故事，讲述了他对于哪些东西不应该度量做出了一个关键决定，从而建立起一种非凡的客户服务文化。大多数客户服务呼叫中心使用"平均处理时间"来评估客服人员的工作表现。这个指标度量的是员工处理一通客户电话所需的平均分钟数。降低这个时间可以节省成本，因为这样员工每天就可以处理更多的电话，但谢家华实际上并不想对这个指标进行优化。他解释说："这一指标会使得客服人员想尽办法以最快的速度让客户挂电话，在我们看来，这并不能为客户提供优质的服务。在 Zappos，我们不度量通话时间（客服人员最长的一次通话几乎有 6 小时！）……我们只关心客服人员是否能提供超越每一位客户期望的优质服务。"[19] 这一决定使 Zappos 在客户服务方面脱颖而出。因此，该公司从 1999 年的零收入，发展到 2009 年被亚马逊收购时，年收入已经超过 10 亿美元。

要选择正确的度量指标，这一条法则不仅适用于我们的职业目标，也适用于个人目标。我知道写这本书将会是一个漫长而富有挑战性的项目，所以我养成了每天写作的习惯。早期我设定了每天至少写 3 小时的目标，并记录进度。然而，几周后我注意到，在这 3 小时里，大部分时间我都在重读和重写以完善之前写下的内容。事实上，有时对稿件进行编辑后，字数会比最初的时候少。像斯蒂芬·金和马克·吐温这样伟大的作家都强调了修改稿子的重要性，但我知道自己对太多内容过早进行了修改，最好是先写出更多章节。因此，我改变了度量指标。我不再每天集中精力写 3 小时，而是集中精力写 1000 字。有些日子，2 小时就能写完 1000 字，而有些日子，则要花 5 小时。新的指标激励我专注于撰写新内容，而不是专注于句子质量——这些方面可以日后重新审视。这个简单的调整显著加快了我的写作速度。

产品和目标越复杂，度量什么与不度量什么的选项就越多，在哪些方面投入时间和获得产出的灵活性就越大。在决定使用哪些指标时，请根据以下标准来选择：1）最大化影响；2）具有操作性；3）灵敏且稳定。

要找到这样的指标：一旦对其进行优化，就能最大限度地为团队带来影响。《从优秀到卓越》（*Good to Great*）一书的作者吉姆·柯林斯（Jim Collins）认为，优秀公司与卓越公司的区别在于，后者让所有员工朝着唯一的核心指标看齐，他把这个指标称为经济分母（economic denominator）。经济分母回答了下面这个问题："如果你可以选择一个且只能选择一个随时间系统地增加的比率（每 x 产生的利润），哪个 x 会对你公司的经济引擎产生最大和最可持续的影响？" [20]在工程背景下，核心指标应该随着时间的推移而系统地增长，引导我们和团队的其他成员产生最大和最持久的影响。拥有了一个一致的指标，无论它是产品销量、定金、产生的内容还是其他什么，我们就能够用它来比较不同项目的产出，并帮助团队决定如何处理外部的影响。例如，性能优化团队是否应该削减某个产品功能以缩短页面加载时间？如果他们只是在优化网站速度指标，对于上述问题的回答可能是肯定的；但如果他们是在优化更高级别的产品指标，这个决策将更加复杂（并且更有可能与公司期望产生的影响保持一致）。

具有操作性的指标是指可以通过团队的工作来解释其变化原因的指标。相比之下，正如埃里克·里斯（Eric Ries）在《精益创业》（*The Lean Startup*）中阐述的，虚荣指标追踪的是每月的页面浏览量、注册用户总数或付费用户总数等总数据。虚荣指标的改善可能意味着产品在进步，但它们并不一定反映团队工作的实际质量。例如，由于先前的新闻报道或过去的发布势头带来自然搜索流量的增长，在某个平庸的产品功能迭代后，页面浏览量可能也会继续增加（至少最初是这样）。[21] 另一方面，具有操作性的指标包括注册转化率或注册用户在一段时间内每周活跃的百分比。通过 A/B 测试（将在第 6 章讨论），我们可以将这种指标的变化直接追溯到注册页面上的产品变更或发布的新功能。

那些能够快速更新以反映产品的某个改变是正面的还是负面的指标就是灵敏的指标。这些指标可以帮助团队了解未来应当在何处发力，也是体现团队当前表现的主要指标。衡量过去一周活跃用户的指标，比跟踪过去一个月活跃用户的指标更具灵敏性，因为后者要在变更发生一个月后才能完全捕捉到其影响。但是，指标也需要有足够的稳定性，这样在团队控制范围之外的因素就不会导致显著的干扰。尝试使用每分钟的响应次数指标来考察性能的改进是很困难的，因为它们的差异很大。然而，考察一小时或一天中的平均响应次数将使指标更稳定，干扰更少且更容易预测趋势。灵敏性需要与稳定性相平衡。

度量指标的选择可以对行为产生重大的影响，所以它是一个强大的杠杆点。请务必花时间选择合适的指标，无论是为你自己还是为团队。

建立指标监控体系

　　在制定目标时，重要的是仔细选择要度量（或不度量）和优化的核心指标。然而，当涉及日常运营时，不应分得这么细，而是要采取尽可能多的措施建立指标监控体系。这两个原则看起来似乎相互矛盾，但实际上是相辅相成的。前者讲的是要建立高层次、宏观的全景图，后者说的是要深入了解我们所构建的系统的整体情况。

　　航空公司飞行员的目标是让乘客从 A 点飞到 B 点，其是否达到目标是用飞机到目的地的距离来度量的，但他们并不是盲目飞行，而是用一套仪表来了解和监控飞机的状态：高度计通过测量压力差来计算飞机的海拔高度；姿态指示器显示飞机与地平线的关系以及机翼是否水平；垂直速度指示器测量飞机爬升或下降的速度。[22] 这些仪表和其他数百种驾驶舱仪表使飞行员能够了解飞机的复杂性，并交叉验证飞机飞行时的状况。[23]

　　如果我们不留心，在构建软件时就会"盲目飞行"，而我们将为此付出代价。Twitter 的联合创始人、移动支付公司 Square 的创始人兼首席执行官杰克·多西（Jack Dorsey）在斯坦福大学的一次创业讲座上重申了这一点。他告诉我们，他在 Twitter 学到的最有价值的经验之一就是认识到对一切进行监控的重要性。多西解释说："在 Twitter 刚成立的头两年里，我们一直在盲目飞行。我们不知道网络上发生了什么。我们不知道系统的运行情况，也不知道人们是如何使用它的……我们的团队一直在走下坡路，因为我们看不到发生了什么。"用户开始习惯于看到"失败鲸①"的图片（一群红色小鸟衔着网绳拉

---

① 译注："失败鲸"图片由华裔设计师陆怡颖（Yiying Lu）设计，被著名网站 Twitter 用作超载故障时的图片，当 Twitter 超载时，用户登录 Twitter 便无法看到主页，看到的就是这张图片。

起一头巨大的鲸鱼），因为 Twitter 网站经常超载。直到 Twitter 的工程师们开始监控和检测系统之后，他们才能够发现问题并构建更可靠的服务，如今每月有超过 2.4 亿人在使用 Twitter。

当看不到软件的运行情况时，我们所能做的就只能是胡乱猜测哪里出了问题。这就是 2013 年 HealthCare.gov 的发布彻底失败的主要原因。该网站是美国《平价医疗法案》①（又名"奥巴马医改计划"）的核心部分，政府承包商花费近 2.92 亿美元建了一个饱受技术问题困扰的网站。[24] 据估计，在第 1 周注册的 370 万用户中，只有 1%的人真正注册成功，其余人在注册时遇到错误消息、超时或登录问题，甚至无法加载网站。[25] "没有什么能文过饰非，"奥巴马承认，"网站太慢了，人们在申请过程中就被卡住了，我认为绝对没有人比我更沮丧。"[26] 更糟糕的是，正如一位记者所报道的那样，外包的软件工程师们试图修复这个网站，"就像我们对待笔记本电脑的故障一样，只会不断重启或使用其他一些办法，指望瞎猫碰到死耗子，搞定这个烂摊子。"[27] 由于没有监控体系，他们只能盲目飞行，凭感觉猜测解决方案。

一个由硅谷资深人士组成的团队最终飞抵华盛顿，帮助修复这个网站。他们做的第一件事就是为系统的关键部分设置监控，并构建一个监控仪表盘，可以显示有多少人在使用该网站、网站的响应时间以及流量的去向。对现状有了一定的了解后，他们就能够添加缓存，将页面加载时间从 8 秒减少到 2 秒；通过修复 bug，将错误率从惊人的 6%降低到 0.5%；并扩展站点以使其能够支持超过 83,000 个用户同时在线。[27] 在应急小组抵达并增加监控体系的 6 周以后，该网站终于能正常工作。由于他们的努力，目前超过 800 万美国人能够注册私人医疗保险。[28]

---

① 译注："奥巴马医改计划"是第四十四任美国总统奥巴马在 2010 年 3 月获国会通过的医疗改革方案，旨在为没有医疗保险的美国公民提供医疗保障。

Twitter 和奥巴马医改的故事说明，在诊断网站问题时，监控系统是至关重要的。假设用户登录错误的数量激增，那么是引入了新的错误，还是后端验证遇到了网络故障？或者，是恶意用户在以编程方式猜测密码？还有别的原因吗？为了有效地回答这些问题，我们需要知道问题何时开始出现、最新代码的部署时间、身份验证服务的网络流量、在不同时间窗口内每个账户的身份验证最多可尝试几次，以及可能有关的更多信息。如果没有这些指标数据，我们只能猜测原因，最终可能会在没有问题的地方白白浪费精力。

假设我们的网络应用程序突然无法在生产环境中加载，是 Reddit 的流量激增使服务器过载了吗，还是 Memcached 缓存层或 MySQL 数据库层耗尽了空间或开始抛出错误信息？是不是团队不小心部署了有问题的模块？在寻找可能的故障原因时，带有流量来源的数据表、数据存储性能图和应用程序错误分布图的仪表盘可以帮助我们缩小寻找的范围。

与此类似，要有效地优化一个核心指标，需要系统地度量一系列其他支持性指标。为了提升整体注册率，就需要根据用户的来源（是否来自 Facebook、Twitter、搜索、直接导航、电子邮件营销活动等）、登录页面和其他很多维度来度量注册率。为了优化网络应用程序的响应时间，就需要分解指标，并度量花在数据库层、缓存层、服务器端渲染逻辑、网络数据传输和客户端渲染代码上的时间。为了优化搜索质量，就需要度量点击率、搜索结果的数量、每个会话的搜索次数、第一次点击搜索结果的时间等。支持性指标解释了核心指标背后的细节。

采用监控的思维方式意味着要确保我们拥有一组仪表盘，可以显示关键的系统健康指标，并且对相关数据下钻①。然而，我们想要回答的许多问题往往是探索性的，因为我们通常无法提前知道自己想要度量的什么。因此，我们需要构建灵活的工具和抽象，以便跟踪各方面的指标。

Etsy 是一家在线销售手工艺品的公司，它在度量方面做得非常好。这家公司的工程团队根据他们"度量所有，度量一切"的理念对其网络应用程序进行测试。[29]他们每天发布代码和修改应用程序配置超过 25 次，并投入时间收集各种指标：服务器状况、应用程序行为、网络性能和驱动平台运行的无数其他输入，以便能够迅速采取行动。为了有效地收集指标数据，他们使用了一个名为 Graphite 的系统（该系统支持灵活、实时的图表）[30]和一个名为 StatsD 的库来聚合指标[31]。只需一行代码就可以动态地定义一个新的计数器或计时器，每次执行代码时跟踪统计数据，并自动生成一个时间序列图，该图可以转换，还可以与任何数量的其他指标进行组合。他们度量一切，包括"新注册的用户数量、购物车、售出的物品、上传的图片、论坛帖子和应用程序的错误。"[32]以图表的形式将这些指标与代码部署时间关联起来，他们就能够快速发现某个部署过程中的异常。

成功的技术公司建造了相当于飞行仪器的仪表盘，使软件工程师能够更轻松地度量、监控和可视化系统的行为。团队越快地发现某些行为的根因，就越能迅速地解决问题并取得进展。谷歌的网站可靠性工程师（SRE）使用一个名为 Borgmon 的监控系统来收集、汇总和绘制指标，并在检测到异常时发出警报。[33] Twitter 构建了一个名为 Observability 的分布式平台，用于收集、存储和展示每分钟 1.7 亿个单独的指标。[34] LinkedIn 开发了一个名为 inGraphs 的绘图和分析系统，

---

① 译注：下钻是数据分析术语，可以理解成增加数据维度的层次，从较粗粒度到较细粒度来观察数据。

使软件工程师可以查看网站仪表盘，比较指标在一段时间内的变化，并设置基于阈值的告警，所有这些工作都只需几行配置代码就能完成。[35]

你不必等到拥有一个大规模的工程团队再开始监控系统。像 Graphite、StatsD、InfluxDB、Ganglia、Nagios 和 Munin 这样的开源工具，可以很容易地以近乎实时的方式监控系统行为。想要采用托管式企业解决方案的团队可以选择 New Relic 或 AppDynamics，它们可以快速地为许多标准平台提供代码级的性能可视化。既然监控体系可以发挥这么强大的作用，我们为什么不把它列为优先事项呢？

采纳有用的数字

Percona 公司提供 MySQL 相关的咨询服务。[36] 如果你想优化 MySQL 数据库的性能，Percona 的顾问可以从数据库配置、操作系统、硬件，到架构和表设计，对你的数据库进行全面的审计，并在一两天内评估出其性能。[37] 他们可以快速确定：是否有任何查询的运行速度比正常情况慢，以及其速度可以提高多少；连接数是否过多；在数据需要跨多台机器分区之前，单个主数据库还有多少运行空间；如果从传统硬盘切换到固态硬盘，数据库性能可能会有什么样的改进。他们的专业性，一部分来自其对 MySQL 内部原理的深刻理解，然而，更多来自他们与成千上万的 MySQL 客户一起工作的集体经验。

Percona 的顾问巴隆·施瓦茨（Baron Schwartz）解释说："我们通常能看到人们扔到数据库中的所有东西。标签、好友、队列、点击跟踪、搜索、分页显示——我们看过这些和其他几十种常见的模式以一百种不同的方式出现。"[38] 因此，他们采纳有用的数字，用来度量特定系统的性能。他们可能不知道你的系统应用了某个特定变更后性能会有多大提升，但他们可以将你的系统性能与预期的数值进行比较，告诉你哪些方面进展不错，哪些方面还有很大的提升空间。相比之下，经验较少的人需要测试各种 MySQL 配置或架构，并测量不同的变更（如果有的话）带来的性能差异。这肯定需要更多的时间。掌握一组有用的数字，就是一条宝贵的捷径，我们能快速知道在哪里下功夫可以获得最大收益。

我们已经看到，度量想要实现的目标和监控需要了解的系统都是高杠杆率活动。它们都需要我们做一些前期工作，但长期回报率很高。然而，通常情况下，我们不需要准确的数字就能做出有效的决策，只要那些数字在正确的范围内即可。获取一组能估计性能优化进展及度量系统性能的有用数字，是一项高杠杆率的投资：它们以低得多的成本提供了与度量指标同样的回报。

哪些数字是重要的，这取决于你关注的领域和产品。例如，谷歌资深的软件工程师杰夫·迪恩在构建公司的许多核心抽象（如 Protocol Buffers、MapReduce 和 BigTable）以及关键系统（如搜索、索引、广告、语言翻译等）[39] 上发挥了重要的作用，他分享了构建软件系统时每个软件工程师都应该知道的 13 个关键数字。[40, 41] 这些数字如表 5-1 所示。

表 5-1：常见的延迟数据

接入类型	延　迟
L1 缓存引用	0.5 ns
分支错误预测	5 ns
L2 缓存引用	7 ns
互斥锁/解锁	100 ns
主内存引用	100 ns
使用 Snappy 算法压缩 1 KB 数据	10,000 ns=10 μs

续表

接入类型	延迟
通过 1Gbps 网络发送 2 KB 数据	20,000 ns = 20 μs
从内存顺序读取 1 MB 数据	250,000 ns = 250 μs
在同一数据中心内往返	500,000 ns = 500 μs
磁盘搜索	100,000 ns = 10 ms
从网络顺序读取 1 MB 数据	100,000 ns = 10 ms
从磁盘顺序读取 1 MB 数据	300,000 ns = 30 ms
发送数据包：加州→荷兰→加州	150,000,000 ns = 150 ms

通过表 5-1 中的数字，我们了解了常见操作的延迟时间，并且可以比较它们的相对数量级。例如，从内存访问 1 MB 的数据比从磁盘访问相同大小的数据快 120 倍，比通过 1Gbps 网络读取相同大小的数据快 40 倍。此外，像 Snappy 这样的廉价压缩算法可以将数据压缩至原来的一半，可以使网络流量减半，同时仅增加 50%的延迟。[42]

了解这些有用的数字后，只需进行一些简单的计算，就可以快速估算某个设计方案的性能，而无须将其真正构建出来。假设我们正在构建一个数据存储系统、一个消息传递系统或其他带有持久性存储的应用程序，对它们来说性能非常重要。在这些系统中，写操作需要持久化到磁盘，但数据通常被缓存在内存中以提高读取性能。预计的读/写吞吐量是多少？你可以这样推断：

- 写操作要访问磁盘，由于每个磁盘寻道需要 10 ms，因此每秒最多可以执行 100 次写入操作。

- 读操作命中了内存中的缓存，因为从内存中读取 1 MB 数据需要 250 μs，所以每秒可以读取 4 GB 数据。

- 如果内存中对象的大小不超过 1 MB，则每秒至少可以从内存中读取 4000 个对象。

这意味着在这个标准设计中，处理读操作的速度大约是处理写操作的 40 倍。写操作往往是许多系统的瓶颈，如果你的系统就属于这种情况，那么设计系统来扩展写操作的性能，可能意味着要在更多的机器上并行处理写操作，或者将多个写操作批处理到磁盘。

采纳有用的数字还可以帮助我们发现数据测量中的异常。例如，假设你是一名软件工程师，在 Ruby On Rails 这样的技术栈上构建网络应用程序。你关心的数字可能包括获取数据库的行数据、执行聚合查询、连接两个数据库表或在缓存中查找数据所需的时间。如果你开发的网络服务器加载一个简单的静态页面需要 400 ms，这可能表明所有的静态资产——图片、CSS 和 JavaScript 都是从磁盘而不是从缓存中获取的。如果动态页面的加载时间过长，并且你发现某个操作在数据库中花的时间超过了 1s，那么你的应用程序模型中的某些代码可能正在执行一个意料之外的、耗时的表连接。当然，这些只是推测，但是如果你熟知有关正常性能的基线数字，就能很容易地迅速提出这些假设。

最后，掌握这些有用的数字可以快速确定需要改进的领域和范围。假设你是一名软件工程师，负责提高某社交产品的用户参与度。如果该产品通过电子邮件向用户发送活动通知，那么了解你所在行业这种邮件的平均打开率和点击率就会非常有启发意义。例如，电子邮件营销服务商 MailChimp 公布了数亿封电子邮件的投递数据，并按行业统计了邮件的打开率和点击率。发送到社交网络或线上社区的电子邮件，打开率约为 22%，点击率约为 3.9%。这些数字可以让你知道自己发送的邮件效果是不好、令人满意，还是非常好。[43] 如果效果不好，那么在改进邮件方面下功夫可能会有很高的杠杆率和巨大的回报。同样，了解着陆页通常的转换率、邀请邮件的接受率，以及类似产品的每日、每周和每月的用户活跃率，可以找出其他投入不足的领域。

综上所述，这些数字可以帮助我们形成更多的直觉，知道应该将精力放在何处才能最大限度地提高杠杆率。我们可以利用它们进行心算和粗略计算，以快速推理和决策。其他可能有用的数字或至少应该随手可得的数字包括：

- 注册用户数、每周活跃用户数和每月活跃用户数。
- 每秒的请求数。
- 数据存储的总容量。
- 每日写入和访问的数据量。
- 特定服务所需的服务器数量。
- 不同服务或接口的吞吐量。
- 流量的增长率。
- 页面平均加载时间。
- 流量在产品不同部分的分布情况。
- 流量在不同网络浏览器、移动设备和操作系统版本上的分布情况。

积累所有这些信息需要做少量的前期工作，但这些工作为我们提供了日后可以应用的宝贵经验法则。要获得与性能相关的数字，可以编写小的基准测试工具来收集所需的数据。例如，编写一个小程序来剖析在关键模块和子系统上执行的常见操作。而其他的有用数字可能需要你做更多的研究才能获得，比如与在类似重点领域工作过的团队（可能属于其他公司）交谈，挖掘自己的历史数据，或者自己动手测量部分数据。

如果想知道几种设计中的哪一种性能可能更好，某个数字是否在正确的范围内，某个功能可以做得多好，或者某个指标是否正常，请暂停片刻，想一想这些问题是否反复出现，以及是否已经有一些有用的数字或基准有助于回答这些问题。如果是这样，请花些时间收集并采纳这些数据。

质疑数据的完整性

使用数据可以有力地支持自己的论点。正确的指标可以消除办公室政治、哲学偏见和产品争论，快速结束讨论。不幸的是，错误的指标也会起到同样的作用，带来的却是灾难性的后果。这意味着我们必须谨慎使用数据。

山姆·席拉斯在加入 Box 之前曾是谷歌 App 工程团队的负责人，他警告说："我在谷歌学到的一个反直觉的教训是，所有数据都可能被滥用……人们会按照自己想要的方式解读数据。"有时候，我们会选择易于度量或不太相关的指标，用它们对正在发生的情况做出错误描述。还有些时候，我们混淆了相关性和因果关系：我们可能看到用户在一个新设计的功能上花了更多的时间，并乐观地将其归因于参与度的提升，而实际上，用户可能正在努力理解一个令人困惑的界面。或者我们做了一个变更来改善搜索结果，当看到广告点击率上升时，我们击掌相庆，但用户点击广告实际上是因为搜索质量下降。又或者，我们看到页面浏览量持续飙升，为这一自然增长而欢呼，但很大一部分新的请求实际上是来自一个用户，因为他部署了一个自动抓取产品数据的爬虫。

当我问席拉斯如何使自己免受数据滥用的影响时，他认为最好的防御方法就是质疑数据。席拉斯是一位数学家，每当分析数据时，他都会尝试自己生成这些数据。他解释说："数学不好的学生把题做完就算结束了，而数学好的学生在做完题后，会审视自己的答案，思考其是否合理。"在看指标时，把数字与你的直觉进行比较，看看它们是否一致。试着从不同的方向得出相同的数据，看看这些指标是否仍然有意义。如果某个指标包含了一些其他属性，请尝试度量其他属性以确保结论是一致的。上一节讲的有用的数字对于许多这样的数据完整性检查都很有帮助。

有时候，数据可能是完全错误或被曲解的，导致我们得出错误的结论。软件工程师可以很快就知道编写单元测试有助于确保代码的正确性；相比之下，仔细验证数据正确性的学习曲线往往要陡峭得多。在大部分场景下，团队发布一个产品或一个实验，并记录用户的交互，以收集不同的数据。数据最初看起来是可接受的（或者团队甚至懒得检查），然后团队将注意力转移到其他地方。一两周后，当他们开始分析数据时，才意识到数据不正确，或者没有跟踪某些关键行为。当他们开始着手修复记录时，数周的产品迭代时间已经被浪费了——所有这一切都是因为他们没有主动去验证数据的准确性。

在决策过程中采用不可信的数据会产生负面影响，可能导致团队做出错误的决定，或浪费认知周期（cognitive cycle）来对自己进行事后批评。不幸的是，软件工程师在保证数据完整性方面投入不足的情况非常普遍，原因如下：

1. 由于软件工程师经常在很紧迫的期限内工作，因此那些只有在发布后其重要性才会慢慢显现的指标，可能会被降低优先级，搁置在一边。

2. 在开发新产品或功能时，测试和验证用户交互数据比验证某些看似合理的指标（如页面浏览量）是否准确要容易得多。

3. 软件工程师会声称，由于与指标相关的代码经过了良好的单元测试，所以指标本身也应该是准确的，即使可能存在不正确的假设或者系统级的错误。

最终结果是，与指标相关的代码往往不如其他功能的代码健壮。在数据的收集或处理过程中，任何地方都可能引入错误。如果程序有多个入口，很容易忘记测量某个特定的程序路径。通过网络发送数据时，数据可能会丢失，从而导致数据不准确。当合并来自多个来源的数据时，如果没有注意不同团队对应该记录的内容设定的定义、单位或标准，这些内容可能会不一致，在数据处理和转换程序中可能会出现 bug。对数据可视化很难进行单元测试，因此仪表盘中经常会出现错误。如上所述，有大量因素造成我们很难通过目视检查，来判断一个声称浏览量有 1024 次或转化率为 3.1%的指标是否准确。

鉴于指标的重要性，为确保数据准确性所做的工作就是一项高杠杆率的投资。可以使用以下的策略来增加对数据完整性的信心：

- **广泛地记录日志以备用**。奈飞公司的数据科学与工程前副总裁埃里克·科尔森（Eric Colson）解释说，奈飞将大量半结构化日志放入一个名为 Cassandra 的可扩展数据库中，日后再决定这些数据对分析是否有用。[44]
- **构建工具，在数据准确性上更快地迭代**。实时分析解决了这个问题，在开发过程中可视化收集数据的工具也解决了这个问题。我在 Quora 从事实验和分析框架的工作时，团队构建了一些工具，可以轻松检查每个页面交互被记录下的内容。[45]这为我们带来了巨大的回报。
- **编写端到端集成测试以验证整个分析流程**。编写这些测试可能很耗时。但最终，它们将有助于增强对数据完整性的信心，并防止将来的变更导致数据不准确的情况发生。
- **尽早检查收集的数据**。即使需要等待数周或数月才能获得足够的数据进行有意义的分析，也要尽早检查数据，以确保正确记录了足够的数据。将数据测量和分析视为产品开发工作流程的一部分，而不是事后再补上的活动。

- **通过多种方式计算同一指标，交叉验证数据的准确性**。这是一个检查指标数据是否在正确范围内的好办法。

- **尽早分析有问题的数据**。如果某个数字看起来不对劲，就应该全面了解情况，弄清楚这种异常是由于错误、误解还是其他原因造成的。

请确保你的数据是可靠的。"数据都正确"这种错觉要比没有数据更糟糕。

本章要点

⊙ **度量工作进展**。我们无法度量的东西，就无法改进，因为不知道哪些投入是值得的。

⊙ **谨慎选择最高级别指标**。不同的指标会激励不同的行为，要弄清楚我们希望鼓励哪些行为。

⊙ **监控系统**。系统的复杂性越高，就越需要通过监控来确保不会盲目运行。监控指标这件事越容易做，我们就会越经常做。

⊙ **了解有用的数字**。记住这些数字，或者让自己能方便地获取这些数字，它们可以作为评估进度的基准，也可以帮助我们进行大概的推算。

⊙ **优先考虑数据的完整性**。拥有糟糕的数据比没有数据更糟糕，因为我们会认为自己是对的，并做出错误的决定。

6

尽早且频繁验证想法

约书亚·利维（Joshua Levy）已经好几天没有睡觉了。他和他的 20 人团队刚刚发布了 Cuil（发音为"酷"），这是一款被寄予厚望的隐形搜索引擎，被誉为潜在的"谷歌杀手"。[1] Cuil 的网络索引中有超过 1200 亿个页面，它声称其抓取的索引规模是谷歌的 3 倍，而基础设施的成本只有谷歌的 1/10。[2,3] 2008 年 7 月 28 日，数百万用户终于可以尝试利维和他的团队在过去几年里的研发成果。[4] 但这位工程总监并没能开香槟庆祝，而是忙于灭火，在巨大流量的冲击下，竭尽全力维持一切正常运转。

在高负载的重压下，运行抓取、索引以及其他服务的 1000 多台服务器所依赖的基础设施崩溃了。[5] 而且由于 Cuil 在 AWS（Amazon Web Services）普及云计算之前就已经建立了自己的数据中心，因此工程团队并没有太多可以提供闲置容量的多余的机器。用户会输入不同的搜索条件，比如他们自己的姓名，这种搜索的多样性使常见查询结果的内存缓存不堪重负，减慢了搜索引擎的速度。[6] 索引的分片崩溃了，在搜索结果中留下了巨大的漏洞，而且 PB 级数据的大量计算出现了很难定位的错误，使得系统难以保持稳定，更不用说进行修复或升级了。利维回忆说："那种感觉就像是你坐在一辆汽车里，知道自己要掉下悬崖，然后想：'好吧，也许我把油门踩到底就能冲过去。'"

最重要的是，用户很明显对 Cuil 的服务不满意。《个人电脑》杂志的一位编辑称 Cuil "质量低下"、"缓慢"且"可悲"。[7] CNet 将其搜索结果描述为"不完整、怪异和缺失的"。[8]《时代》杂志称其"乏善可陈"[9]，《赫芬顿邮报》评价它"愚蠢"。[10] 用户批评 Cuil 的搜索结果质量差，并抱怨该搜索引擎缺乏拼写错误纠正等基本功能。最糟糕的是，对于大多数查询，尽管 Cuil 的索引规模比谷歌的更大，返回的结果却比谷歌少。这次发布成了一场公关灾难。

最终，Cuil 成为一个失败的实验，耗尽了 3300 多万美元的风险投资和数十人年的工程时间。利维表示："如此努力地工作，然后眼睁睁看着一切化为乌有，这绝对是一段令人沮丧、心生卑微的经历。"作为一名早期加入 Cuil 的软件工程师，利维接受了创始人改变行业规则的愿景——打造一个更好的谷歌。他告诉我，"公司有一批非常优秀的软件工程师"。其中两位创始人甚至还带着来自谷歌搜索团队的闪亮背景。到底什么地方出了问题？Cuil 怎么会无视这么多科技博客都写过的如此明显的产品缺点呢？

当我问利维从这次经历中学到了什么重要的教训时，他强调了尽早验证产品的重要性。因为 Cuil 想在产品发布时大放异彩，担心向媒体泄露了细节，所以他们没有聘请任何 α 测试人员来测试这个产品。在发布之前，没有外部反馈指出：搜索质量不高；搜索引擎没有返回足够多的结果；而且如果索引实际上没有带来更高质量的搜索结果，用户其实不关心索引的规模。Cuil 甚至没有人专职处理垃圾网页，而谷歌有一个工程师团队专门对付垃圾网页，还有一个专注于搜索质量的组织。没有尽早验证产品，导致 Cuil 在本该节约成本的索引方面投入太多，而在质量方面投入不足。这是一个非常惨痛的教训。

利维离开 Cuil 后，成为创业公司 BloomReach 的第二名员工，他记住了这个教训。BloomReach 建立了一个营销平台来帮助电子商务网站优化搜索流量，并最大限度地增加在线收入。这里面有很多未知因素，比如产品的外观应该是什么样子，什么会起作用，什么不起作用等。利维和他的团队没有重蹈 Cuil 的覆辙——花数年时间开发一个无人问津的产品，而是采取了截然不同的方法。他们构建了一个非常简约但实用的系统，并在 4 个月内将其发布给测试版客户。这些客户分享了他们喜欢的、不喜欢的以及关心的内容，这些反馈有助于团队确定下一步工作的优先级。

根据反馈尽早优化，或者换句话说，了解客户的实际需求，然后根据反馈进行迭代，这对 BloomReach 的发展至关重要。该公司现有员工超过 135 人，客户包括尼曼百货商店（Nieman Marcus）和 Crate & Barrel 连锁商店等顶级品牌。平均而言，它帮助线上品牌产生了 80% 以上的非品牌搜索流量，显著增加了他们的收入。[11, 12] "不要拖延……要获取反馈，弄清楚是什么在起作用"，最终成为 BloomReach 运营主管的利维告诉我，"这远比试图创造一些东西，然后相信自己把所有事情都做对了要好得多，因为你不可能把所有事情都做对。"

在第 4 章，我们了解到投资迭代速度可以帮助我们完成更多的事情。在本章，我们将学习如何尽早地、经常性地验证想法，以帮助我们做正确的事情。我们将讨论寻找低成本和迭代的方法来验证我们是否走在正确的道路上，减少无用功的重要性。我们将学习如何使用 A/B 测试，以定量数据持续验证产品的变更，并将看到这种测试会产生多大的影响。我们将研究一种常见的反模式——一人团队，它有时会阻碍我们获取反馈的能力，我们将讨论处理这种情况的方法。最后，我们将看到构建反馈和验证循环的思想是如何应用于我们做出的每一个决策的。

寻找验证工作成果的低成本方法

在麻省理工学院读大三的时候，我和三个朋友参加了 MASLab 机器人大赛。我们要制作一个 1 英尺高的自动驾驶机器人，它能够在场地内导航并收集红球。[13] 我们教给机器人的第一项技能是如何向着目的地前进。我们觉得这很简单。我们最初的程序是用机器人的摄像头扫描红球，然后让机器人转向球所在的位置，再给电机供电，机器人到达这个位置后再停下来。很可惜，前后轴电机转速的微小变化、轮胎胎面花纹的差异以及场地表面的轻微颠簸，都会导致我们这个头脑简单的机器人以某个角度偏离目的地。路径越长，这些小错误带来的问题就越多，机器人到达目的地的可能性就越小。我们很快意识到有一个更可靠的方法，就是让机器人先向前移动一点点，然后重新扫描，重新调整电机的方向，不断重复这个过程，直到机器人到达目的地。

这个小机器人前进的过程和我们推进工作的过程并没有太大区别。采用迭代的方式可以减少代价高昂的错误，并且在每次迭代之间，我们还有机会收集数据以纠正路线。迭代的周期越短，就能越快地从错误中吸取教训。相反，迭代的周期越长，不正确的假设和错误就越有可能混在一起，导致我们偏离正轨，浪费时间和精力。这就是提升迭代速度（第 4 章讨论过）如此重要的一个关键原因。

通常，在开发产品和设定目标时，一开始方向可能并不明确。我们可能对目标有一个大致的想法，但不知道达成目标的最佳方式。或者，我们可能缺乏足够的数据来做出明智的决定。越早了解前进路上的风险，我们就能越早解决它们，增加成功的机会，或者转向更有前景的道路。Square 公司的工程经理扎克·布洛克（Zach Brock）经常给他的团队这样建议："这个项目最可怕的部分是什么？是未知因素最多、风险最大的部分。那就先做那部分。"[14] 先处理风险最大的领域，这样我们就能主动更新计划，避免出现讨厌的意外，这些意外可能会使我们之后的努力付诸东流。在第 7 章讨论如何提高项目估算能力时，我们将重新讨论尽早降低风险这个主题。

在做项目，尤其是大型项目时，我们应该不断地问自己：是否可以花一小部分精力来收集一些数据，验证当前的工作是否可行？我们常常犹豫是否要增加这 10%的额外开销，因为我们急于完成项目，或者对自己的实施计划过于自信。诚然，这 10%的精力最终可能无法带来任何有用的见解或可复用的工作成果；但另一方面，如果它暴露出我们计划中的一个巨大缺陷，就可以节省剩下 90%的精力，以免浪费。

创业公司的企业家和软件工程师经常思考这些问题，特别是当他们在构建"最小可行产品"（MVP）时。《精益创业》（The Lean Startup）一书的作者埃里克·里斯将 MVP 定义为"新产品的第一个版本，它可以使团队以最小的工作量收集关于客户的最大数量的有效信息。"[15] 如果你觉得这个定义类似于我们对杠杆率的定义，那就对了。在构建 MVP 时，要将重点放在高杠杆率的活动上，因为这些工作可以尽可能多地验证关于用户的假设，消耗最少的成本，并最大限度增加产品成功的机会。

有时候，建立 MVP 需要有点创造性。德鲁·休斯顿（Drew Houston）起初开始构建 Dropbox 这个易于使用的文件共享工具时，市场上已经有无数其他的文件共享应用程序。休斯顿相信，用户会更喜欢他的产品所能提供的无缝体验，但如何验证这个信念呢？他的解决办法是制作一个 4 分钟的短视频作为他的 MVP。[16, 17] 休斯顿演示了他的产品的一个功能受限版，展示了文件在 Mac、Windows PC 和网络间的无缝同步。一夜之间，Dropbox 的测试版邮件列表用户从 5000 增加到了 7.5 万，于是休斯顿知道他的方向是正确的。Dropbox 使用

MVP 来建立信心并验证其假设，而不必做太多工作。截至 2014 年 2 月，Dropbox 拥有超过 2 亿的用户，市值达到 100 亿美元 [18]，而且仍在继续增长。

我们并非都在创业公司开发产品，但投入小部分精力来验证工作的可行性，这一原则适用于许多工程项目。假设你正在考虑从一种软件架构迁移到另一种。也许你的产品已经达到 MySQL 数据库的扩展极限，你可能正在考虑切换到一个声称扩展性更好的 NoSQL 架构。或者，你可能正在用另一种编程语言重写服务，目的是简化代码的维护工作，提高性能或提升迭代速度。迁移架构需要投入大量的精力，如何才能使自己坚信，这项工作不会是浪费时间，而且确实有助于实现目标呢？

验证想法的一种方法是花 10%的精力去构建一个小型的、信息丰富的原型。根据项目目标，可以用原型做各种事情：测量在典型工作负载下的性能，将重写的功能模块与原始模块的代码路径进行比较，评估添加新功能的难易程度。对大型项目的方案而言，构建快速原型的成本并不高，但是如果它能及早暴露问题，或者使我们相信更大规模的迁移是不值得的，那么它产生的数据就可以为我们省去大量精力。

假设你正在重新设计产品的用户界面，使其更快、更友好。如何才能增加信心，认为新的用户界面将提高用户转化率，而且不需要投入所有的精力全面地重新设计？42Floors 是一家为办公场所租赁和商业地产挂牌销售建立搜索引擎的公司，他们遇到了同样的问题。[19] 当用户在他们的网站上搜索办公场所时，他们会通过谷歌地图界面显示出所有可用的房源。但如果搜索结果太多，可能需要 12 s 以上的时间才能全部加载。42Floors 第一次尝试改进时，软件工程师花了三个月的时间，用大照片、无限滚动条和迷你地图构建了一个更快的办公场所房源视图。他们以为要求参观办公室的用户的转化率会上升。然而，在项目发布之后，他们的指标没有任何变化。

这个团队还有其他一些想法，但是没有人愿意将太多的精力投入到一个可能再次失败的设计上。如何在更短的时间内验证这些想法？他们想出了一个聪明的解决方案：他们决定伪造自己的重新设计。他们用 Photoshop 设计了 8 个界面原型，让一个外包团队将其转换为 HTML 页面，并通过谷歌 AdWords 活动，将一些搜索"纽约办公场所"的用户引到这些假页面。由于这些页面预先填充了静态测试数据，对于第一次访问的人来说看起来非常真实。然后，他们度量了要求去 8 个界面原型实地参观的用户的比例。这次团队只投入了第一次重新设计时所花精力的一小部分，就使用转换率验证出重新设计的 8 个方案的优劣。最后他们采用了获胜的那个设计方案，并将其发布到生产环境，并最终用户转化率达到了他们想要的水平。

要验证某个想法是否可行，有一个非常有效的策略：假装全面实施这个想法。Asana 是一家开发办公协同和任务管理软件的公司，正在考虑是否在其主页上增加一个新的谷歌注册按钮，目标是增加注册人数。他们并没有马上建立整个注册流程，而是通过添加一个假的注册按钮来验证这个想法，当访客点击按钮时，会弹出一条消息，上面写着："感谢您的关注，这项功能即将推出。"Asana 的软件工程师们收集了几天内的点击率数据，在数据证实此举有助于增加注册人数后，才建立起完整的注册流程。[20]

小型验证可以节省时间，这一类场景不胜枚举。也许你有一个关于评分算法的想法，认为它会提高新闻的排名，你可以用一小部分数据来验证新的评分指标，而不是花费数周时间构建一个产品质量系统并在生产环境的全量数据上运行；你可能有一个绝妙的产品设计想法，与其用代码来实现它，不如快速做出一个纸上原型或低保真度模型，向团队或用户研究的参与者展示；如果有人问你是否能在原本就很紧张的 10 周项目日程内发布一个新功能，你可以先推算出一个时间表，验证一周后能否走上正轨，并且在评估最初的时间计划是否可行时纳入这些数据；或者你正在考虑解决一个棘手的 bug，在修复它之前，你可以使用日志中的数据来验证这个 bug 是否真的影响了足够多的用户，证明你花时间和精力修复它是合理的。

所有这些例子都说明了一个共同的结论：做少量的工作来收集数据，以验证项目假设和目标，从长远来看，这会减少很多无谓的浪费。

用 A/B 测试持续验证产品变化

2012 年 6 月，美国总统巴拉克·奥巴马（Barack Obama）的连任竞选急需更多资金。奥巴马的数字团队决定给他的捐赠者邮件列表中的人发送电子邮件，并解释说，除非他的支持者团结起来提高支持率，否则奥巴马有可能被他的对手米特·罗姆尼（Mitt Romney）超过。这封邮件拟议的标题是"最后关头：与我和米歇尔站在一起"，这个标题看起来是完全合理的。但随后，团队开始集思广益，讨论其他可能的标题，从"变革"到"为米歇尔而努力"，再到"如果你信任我们的努力"，以更好地吸引捐赠者的注意。[21]

最终，这封发给 440 万订阅者的邮件使用了一个完全不同的标题："我将落于人后"。这句话是特意设计的。团队在小范围的订阅者身上测试了 17 个样本标题，发现这个特定的措辞可以筹集到比其他标题多 6 倍的资金——超过 200 万美元。事实上，这封竞选邮件筹集到了惊人的 260 万美元。为邮件标题调整几个字就带来了如此巨大的回报。

奥巴马的竞选邮件标题的测试是一个很好的例子，说明了使用数据来验证我们的想法，即使是那些看起来非常合理的想法，也能有极高的杠杆率。更重要的是，这封邮件并不是一次性的测试。它是团队建立的系统化流程的一部分，这样他们就可以用真实的数据而不是自己的直觉来验证和优化每一次的邮件活动。因为这些测试非常有效，所以他们聘请了一个工程团队来构建度量和改善邮件活动效果的工具，并组建了一个由 20 名专业作家组成的团队，他们的唯一工作就是进行头脑风暴，起草不同的电子邮件。[22]

2012 年，该团队发送了 400 多封全国性的募捐邮件，测试了 10,000种不同的标题、邮件正文、捐赠金额、格式、高亮显示的内容、字体和按钮。[23] 奥巴马竞选团队的每封电子邮件都在多达 18 个分组中进行了测试，效果最好的邮件募集到的捐款通常比最差的邮件多 5 到 7倍。[24] 在 20 个月的时间里，奥巴马竞选团队的 6.9 亿美元资金中的大部分都是由这些经过严格测试的筹款邮件通过网络筹集到的，对这些测试的投入非常划算。[25, 26]

用数据测试想法，这种做法不仅仅适用于电子邮件，也适用于产品开发。如果用户不参与或客户不购买，即使是一个经过良好测试、设计简洁、可扩展的软件产品也不会带来太大的价值。产品的变更通常会出现这样一个问题：团队观察到指标的变化（你已经为自己的目标选择了正确的指标，对吗？），但无法确定产品发布会使指标数据提升（或下降）多少。这些变化是由于当天的流量波动、媒体报道、正在进行的产品变更、性能问题、未解决的 bug 或其他因素所造成的吗？A/B 测试就是用来隔离这些影响并验证某些东西是否有效的一个强大工具。

在 A/B 测试中，一组随机的用户会看到产品的一个变更或一个新的功能；而对照组里的用户则看不到。A/B 测试框架通常根据用户浏览器的 cookie、用户 ID 或一个随机数将用户分配到一个特定的组里，这个分组决定了用户看到的产品的版本。假设分组没有偏差，每个组都会以相同的方式受到流量波动的影响。因此，通过比较实验组和对照组的指标，任何统计上的显著差异都可以完全归因于产品变更导致的差异。A/B 测试提供了一种科学的方法，在控制其他变量的同时度量产品变更所产生的影响，从而帮助我们评估其对所有用户的影响。

A/B 测试不仅可以帮助我们决定发布哪个产品版本，而且即使我们完全相信某个变更会改进指标，A/B 测试也能告诉我们这个变更到底有多好。对这个改进进行量化，我们就可以知道继续在这个领域投资是否有意义。例如，对一项大型产品的投资只提高了 1%的用户留存率，这意味着我们可能需要找到杠杆率更高的其他方向；而如果它能提高 10%，就可以在这个方向加倍投资。如果不衡量影响，我们就不会知道自己处于什么状况。

A/B 测试还鼓励采用迭代的方式开发产品，这样团队就可以验证他们的理论，并对有效果的变更进行迭代。我们在第 5 章讨论过手工艺品在线销售公司 Etsy，这家公司由指标驱动的文化促使他们构建了自己的 A/B 测试框架。因此，他们能够不断对产品做实验，并衡量这些实验的效果。Etsy 的产品开发和工程前高级副总裁马克·赫德伦（Marc Hedlund）向我讲述了他的团队为一个卖家销售的商品重新设计商品列表页面的过程。这个特殊的页面展示了商品的大幅照片、商品详情、卖家信息，上面还有一个将商品添加到购物车的按钮。在 Etsy 的网站上，手工制品和复古商品的列表页面每天有近 1500 万次的访问量，这些页面通常是网站给访问者留下的第一印象。[27] 在重新设计之前，近 22% 的访问者一般是通过点击谷歌的搜索结果，经由列表页进入网站的，但其中 53%的人会立即跳出页面并离开。[28] 作为重新设计的一部分，Etsy 的工程师希望降低跳出率，向购物者说明那些商品的卖家都是独立设计师、制造商和策展人，使客户能更方便地购物和快速结账。

Etsy 就在这个环节采用了非传统的方法。许多其他的工程和产品团队在向用户发布产品或功能之前，会将其设计并完全构建出来。然后他们可能会发现，干了几个月，他们所构建的东西实际上并没有像期望的那样推动核心指标变化。而 Etsy 的商品列表页面是团队以迭代的方式重新设计的。他们会先提出一个假设，再构造一个 A/B 测试来验证，然后根据 A/B 测试得出的结论进行迭代。例如，他们假设"向访问者展示更多的商品会降低跳出率"，然后对此进行一项实验：在商品列表页面的顶部展示相关商品的图片，并分析指标的变化是否支持或否定这个假设（事实上，这项举措降低了近 10% 的跳出率）。基于该实验，该团队认识到应该在最终的设计中加入更多商品的图片。

就像奥巴马竞选团队琢磨邮件的写法一样，Etsy 的工程师使用反馈循环反复测试不同的假设，直到形成一种基于数据的直觉，知道最终设计中哪些做法是可行的，哪些不是。"他们重新设计了这个页面，花了大约 8 个月的时间。这是非常严格地由 A/B 测试驱动的，" 赫德伦解释说，"发布之后，数据好极了——在业绩表现方面，这绝对是我们交付过的最好的项目。而且它是可以量化的，我们很清楚会产生什么样的效果。"2013 年，Etsy 的销售额突破 10 亿美元。[29]实验驱动的文化在这一增长中发挥了重要作用。

同样，我们在 Quora 所做的杠杆率最高的投资之一就是构建内部的 A/B 测试框架。我们构建了一个简单的抽象来定义实验，编写工具来帮助我们在开发过程中验证不同的产品版本，实现对这些测试的一键式部署，并自动收集实时分析数据——所有这些举措都有助于优化迭代循环，以便在面对实时流量之前获得新的想法。[30]该框架使我们能够进行数百个用户实验，测量由新注册流程、新界面功能和幕后排名调整等变化所产生的影响。如果没有 A/B 测试框架，我们就只能通过猜测来决定如何改进产品，而不是科学地处理这个问题。

构建自己的 A/B 测试框架可能会让人望而生畏。幸运的是，有许多现成的工具可以用来测试关于产品的假设。免费或开源的 A/B 测试框架包括 Etsy 的 featureflagging API[31]、Vanity[32]、Genetify[33] 和 Google Content Experiments[34]。如果想要获取更多工具和支持，可以使用 Optimizely[35]、Apptimize[36]、Unbounce[37]、和 Visual Website Optimizer[38] 等按月付费的软件。鉴于通过 A/B 测试可以学到很多东西，所以这是一项非常值得的投资。

在决定 A/B 测试的内容时，要注意时间是你最有限的资源。仔细研究具有高杠杆率和有实际意义的差异，那些对你的特定指标真正重要的差异。谷歌有能力对微小的细节进行测试。例如，他们分析了应该用 41 种蓝色中的哪一种表示搜索结果链接，选择合适的色调为这家搜索公司每年带来 2 亿美元的额外广告收入[39]。当然，谷歌有足够的流量在合理的时间内完成统计分析；而且，更重要的是，对于一家年收入为 310 亿美元的公司来说，即使收入增长区区 0.01%，也有 310 万美元[40]。然而，对于大多数其他公司来说，这种测试的时间和流量成本都非常昂贵，即使能够检测到这样的结果，也没有什么意义。一开始很难确定哪些测试具有重大的实际意义，但随着所做的测试越来越多，你将能够更好地确定优先级，并确定哪些测试可能会带来巨大的回报。

正确地执行 A/B 测试，能够帮助我们验证产品理念，并将原本令人困惑的用户行为数据黑匣子转化为可理解、可操作的知识。它使我们能够迭代地验证对产品所做的变更，确保我们的时间和精力得到了合理利用，并且确定我们没有偏离目标。然而，即使无法通过 A/B 测试获得定量数据，我们仍然可以通过定性反馈来验证想法。我们将在下面的两节讨论具体如何实施。

当心"一人团队"

鉴于尽早且频繁验证的重要性，我们需要注意一个常见的反模式：一人团队。有一个非常具有代表性的硅谷故事，讲述的是一名软件工程师独自设计并构建一个规模宏大的系统。他期待项目尽快发布，并提交了大量代码请一位团队成员评审，结果得知他忽略了一个重大的设计缺陷，最终，他被告知应该以完全不同的方式构建这个系统。

有一年夏天，我在谷歌实习时，为 Orkut（谷歌早期的社交网站之一）构建了一个搜索功能。我在这个项目上努力工作，调整了搜索结果中用户资料的索引、排名和过滤功能。我和其他工程师一起检查了我的初始设计，但是因为每天的工作越来越多，而且没有太多的代码评审经验，所以我觉得自己不需要把实际代码到处拿给人看。在实习的最后一周，我将暑期中编写的数千行代码打包后提交，进行代码审查。谷歌会根据变更的代码行数对提交的代码进行分类。于是我导师的收件箱收到了一封邮件，上面写着："埃德蒙给你发了一个超大号的代码包请求评审。"

午餐时，我不经意间向其他实习生提到了这个"代码炸弹"。我为自己在那个夏天所取得的成就而沾沾自喜，但他们都吓坏了："你说什么？！如果你的导师发现了一个明显的设计问题怎么办？你的导师真的有时间评审所有内容吗？如果他确实发现了一些问题，你还有时间解决所有问题吗？如果他不允许你的巨型代码提交合并怎么办？"我的心沉了下去。难道整个夏天的努力都会白费吗？在谷歌的最后一周我一直都在担心事情会如何发展。

幸运的是，我的导师很通情达理，愿意帮我处理实习之后出现的任何问题。因此，我最终提交了代码，在我离开后的几个月内，这个功能就发布了。但这个过程中有太多运气的成分，我的整个项目是有可能会被废弃的。事后来看，如果以更多的迭代和分块的方式提交代码，我的工作内容就不会孤立存在这么久，也就消除了大量风险。我的导师可以更轻松地审查我的代码，而我也会在这个过程中收到宝贵的反馈，并将这些反馈应用到未来的代码中。最后还有一点：我很幸运，在职业生涯的早期，就用很低的成本学到了关于一人团队的教训。

在很多情况下，我们必须独立完成一个项目。有时，为了降低沟通成本，管理人员或技术负责人会让员工一个人开发项目。有的时候，某些团队会将成员分成若干个一个人的子团队，这样大家就可以独立处理较小的任务，协调起来也更容易。一些组织在他们的晋升流程中强调，软件工程师必须证明自己对项目的所有权，以此激励员工独立工作，因为大家都希望能最大限度地增加自己的晋升机会。此外，有些人只是单纯喜欢更独立地工作。

虽然从事单人项目本身并没有什么问题，但它确实会带来额外的风险，如果不予处理，就可能会降低个人成功的概率。首先也是最重要的一点，它增加了获得反馈过程中的阻力，而我们需要借助反馈来验证自己所做的事情是否可行。例如，除非评审人在你的团队中工作，而且有共同的项目背景，否则在代码评审中很难获得有质量的反馈。如果你不注意建立反馈循环，那么很可能会推迟到自认为所做的工作已经近乎完美才会寻求他人的反馈。如果直到最后才发现走错了方向，就会浪费很多精力。

单人项目还存在其他风险。独自工作时，项目的低谷会让人更加沮丧。如果有人能分担这份痛苦，工作的困境、单调的工作、毫无头

绪的 bug 等问题就会变得不那么令人心力交瘁，更容易忍受下去。单
独一个人的拖延会使整个项目停滞不前，导致截止日期推迟（我们将
在第 7 章讲解如何解决这个问题）。我遇到过这种情况，也曾看到这
种情况发生在其他软件工程师身上。然而，如果项目中至少还有另一
个人，即使你被卡住，团队仍然可以维持整体势头并保持士气。

　　同样，独自工作时，成就感也会降低。与队友一起庆祝成就是鼓
舞士气的好方法。如果独自工作，当你最终修复了那个令人沮丧的数
据损坏 bug 时，能够和谁击掌庆祝呢？此外，知道队友依赖自己，会
增加我们的责任感。渴望帮助团队成功的愿望，可以克服个人偶尔出
现的动力不足问题。

　　即使发现自己是一个人在做项目，也不要绝望。这些风险是可以
避免的。史蒂夫·沃兹尼亚克（Steve Wozniak）发明了 Apple I 和
Apple II 电脑，最开始他在自己家里设计硬件和软件，后来换到史蒂
夫·乔布斯的车库里工作。他的发明是如何从家酿计算机俱乐部（The
Homebrew Computer Club）①的业余玩具转变为个人电脑革命的支柱
的？对沃兹尼亚克来说，一个关键因素是乔布斯为他提供了平衡和反
馈循环来验证他的想法。尽管沃兹尼亚克性格内向，表面上只管做自
己的事情，但他并没有将自己孤立起来。在乔布斯的远见和雄心的激
励下，两人最终创立了苹果公司。[41]

　　像沃兹尼亚克一样，我们也可以建立必要的反馈渠道，增加项目
成功的机会。以下是一些策略：

- **开诚布公，乐于接受反馈**。如果我们对自己的工作抱着防御性
  心态，就很难听取反馈意见，而且人们以后也不会愿意给我们

---

① 译注：家酿计算机俱乐部是美国加州湾区一个早期的计算机业余爱好者组成
的俱乐部。

提供反馈。相反，要优化我们的学习方式。不要把反馈和批评看作人身攻击，而要看作改进的机会。

- **尽早并经常提交代码进行评审。**大批量的代码变更是很难评审的，需要更长的时间才能获得反馈，如果最后发现其中存在设计上的缺陷，那就是对时间和精力的极大浪费。专注于通过迭代取得进展，并将这种小步提交代码的方式作为持续获得反馈的必选项。不要发起大型代码审查。

- **请求严厉的批评者审查代码。**不同的人审查代码时的严格程度存在很大差异。如果你急于交付某些东西，可能会倾向于将代码评审请求发送给那些略读代码就轻易放行的人。但如果你的目的是优化代码质量，或者想确认方法的可行性，那么杠杆率更高的方式是请求那些能够在深入思考后给予批评的人审查你的代码。最好尽早从队友那里得到严厉的反馈，而不是等后来出现问题时从用户那里获得反馈。

- **征求团队成员的反馈。**获得反馈最直接的途径就是向他人请求反馈。可以询问在饮水机旁闲逛的同事，是否愿意抽出几分钟时间和你在白板上讨论一些想法。研究表明，向别人解释一个想法是自我学习的最好方法之一；[42]此外，在解释的过程中可能会暴露出自己理解上的漏洞。大多数人都希望自己能帮上忙，也很愿意暂时休息一下，去解决一个不同的、可能很有意思的问题。也就是说，如果你希望在未来保持反馈渠道畅通，就要尊重同事的时间。事先做好准备，确保自己能清楚地表达想要解决的问题，以及尝试过的方法。讨论结束后，作为回报，我们可以主动为他们的想法提出意见。

- **先设计新系统的界面或 API**。设计界面之后，做出原型，以此展示功能齐全的客户端的样子。创建具体的交互式场景，能够发现错误的假设或缺失的需求，从长远来看可以节省时间。

- **在编写代码前先展示设计文档**。虽然看起来可能会增加额外的成本，但这是一个以 10% 的工作量来验证你计划做的其余 90% 的工作的例子。这份文件不需要特别正式，可以只是一封详细的电子邮件，但信息应该足够全面，让看的人了解你要做什么，能够提出需要你澄清的问题。

- **如有可能，重新安排正在进行的项目，以便与同事共享一些上下文**。与其和他人各自做自己的项目，不如考虑大家一起先完成一个项目，再一起处理另一个项目。或者，考虑和同事做同一领域的工作。这样做可以为大家创造一个共同的背景，从而减少讨论和评审代码时的摩擦。将团队的项目序列化而不是独立、并行地进行，可以增强协作，还可以提供更多学习的机会：完成每个项目所需的时间更短，因此在给定的时间范围内，你可以接触到更多不同领域的项目。

- **在投入太多时间之前，征求对有争议的功能的支持**。这可能意味着需要在对话中提出想法，并构建原型来帮助说服利益相关者。有时，软件工程师会将这种类型的自我推销和游说误解为办公室政治，但从杠杆率的角度来看，这是一个相当合理的决定。如果通过对话获得反馈只需要几个小时，而项目的实施需要几个星期，那么为获得早期反馈所投入的时间就非常有价值。如果无法从该领域的专家那里获得支持，可能说明项目走上了错误的道路。然而，即使你认为他们是错的，这样的对话至少会让他人关心的问题显现出来，如果你决定继续完成自己的项目，就应该解决这些问题。

所有这些策略的目标都是消除独自工作时收集反馈时的阻力，以便更早、更频繁地验证自己的想法。如果你正在从事单人项目，这些策略就特别重要，因为除非你是主动要求的，否则默认的行为就是孤立地工作。但是，即使是在团队中工作，这些策略也同样有价值。布莱恩·菲茨帕特里克（Brian Fitzpatrick）和本·柯林斯-萨斯曼（Ben Collins-Sussman）这两位谷歌员工创立了谷歌芝加哥工程办公室，他们在《极客与团队》（Team Geek）这本书中写的一句话很好地捕捉了这种心态："软件开发是一种团队活动。"[43] 即使你更喜欢独立工作，如果能把工作概念化为团队活动，并建立反馈循环，你就会更有成效。

建立决策反馈循环

无论你是为某个大型实现编写代码，研发产品，还是在团队中工作，建立反馈循环以验证想法都是很重要的。更宽泛地说，这条验证的原则也适用于我们所做的任何决定。

有时，要进行验证是很困难的，因为数据可能不多，或者只有定性数据可用。应该使用哪种编程语言来编写新服务？抽象或接口应该是什么样的？这个设计对你要做的事情而言是否足够简单？现在为可扩展性投入更多的资源是否值得？

此外，工程师的级别越高（尤其是在进入管理层后），做决策就会变得越艰难、越模糊。应该如何协调团队的工作？团队能否暂停（或不暂停）功能的开发以减少技术债？绩效评估和反馈应该是匿名、直接的，还是在公开环境中进行？应该如何设置薪酬结构以改善人员招聘和留任情况？

　　我采访 Facebook 的工程总监宁录·胡斐恩时，他表示建立反馈循环对工作的各个方面都是必要的。"它适用于招聘，适用于组建团队，适用于建立团队文化，适用于设定薪酬结构，"胡斐恩解释说，"你所做的任何决定……都应该有一个反馈循环。否则，你就只是在……猜测。"

　　此前，胡斐恩担任 Ooyala 的工程高级副总裁时，对组建高效工程团队的各个方面进行了实验，并建立了反馈循环，以便从这些实验中学习经验和吸取教训。例如，在确定团队成员的最佳人数以最大限度地提高效率时，胡斐恩尝试了几种不同的团队规模，并寻找团队机能明显失调的地方。"最常见的是团队开始表现得像两个团队一样，"胡斐恩观察到，"而且这两个团队只会各行其是。"另一个实验是将奖金与可靠性等工程范围的指标紧密联系在一起。由于奖金的计算方式很明确，此举一经推出就引发了非常积极的反响，但一个季度后就被取消了，原因是工程师们不高兴，因为他们无法完全控制这些指标。

　　胡斐恩在 Ooyala 研究高效团队结构的基本问题时，也做了类似的实验：技术主管是否也应该是经理（是的）；是否应该将网站可靠性工程师、设计师和产品经理等职位嵌入开发团队（对产品经理而言，是的）；在什么情况下团队应该采用像 Scrum 这样的方法论（各种情况都有）。胡斐恩在几周内进行了许多这样的实验，然后收集数据——有时只是通过与人交谈来了解哪些做法有效、哪些无效。然而，其他一些想法，例如将最好的工程师薪水翻倍以创建超级明星团队的激进提议，则是作为思想实验来进行的。胡斐恩召集工程技术负责人讨论了可能的后果（他们预测，能力一般的员工会成群结队地辞职，而且需要很长时间才能找到优秀的人来替代他们）。

　　验证的原则表明，许多我们认为理所当然的工作决策，或者那些

盲目采纳他人意见的决策，实际上都是可以验证的假设。如何发现最
有效的方法，取决于所涉及的情况与参与的人员，胡斐恩在团队管理
上的经验可能与你的不同。但无论是编写代码、创建产品还是管理团
队，做决策时采用的方法论都是一样的。从本质上讲，愿意进行实验
就证明了科学方法的有效性。

验证意味着提出一个可能可行的假设，然后设计一个实验来测试
它，了解好的和坏的结果是什么样子，做实验并从结果中学习。你可
能无法像 A/B 测试那样用足够大的流量严格地测试一个想法，但仍然
可以将猜测转变为科学的决策。只要有正确的心态——愿意验证自己
的想法——就没有什么是不能通过反馈循环来验证的。

本章要点

⊙ **迭代地处理问题以减少浪费。**每一次迭代都为我们提供
了验证新想法的机会，快速迭代才能快速学习。

⊙ **通过小型实验验证想法，降低大型实现的风险。**投入少
许额外的精力，确认你的计划中的其余部分是否值得做。

⊙ **使用 A/B 测试持续验证关于产品的假设。**通过迭代的方
式开发产品，并确定哪些可行、哪些不可行，就能让产
品逐渐与用户需求一致。

⊙ **在单人项目中工作时，要想办法定期征求反馈。**一个人
做独立项目可能很容易也很舒服，但也可能会忽略某些
巨大的风险，如能及早发现，就可以避免浪费大量的精力。

⊙ **养成及时验证决策的习惯。**不要做出一个重要的决定后
就继续前进，而应该建立反馈循环，以便收集数据并评
估工作的价值和有效性。

7

提升项目估算能力

2008 年 8 月，在我加入 Ooyala 两个月后，工程团队启动了一个项目：彻底重写基于 Flash 的视频播放器。Ooyala 是一家在线视频初创公司，帮助诸如电视指南（TV Guide）、网球职业运动员协会（Association of Tennis Professionals）、阿玛尼和 TechCrunch 这样的客户管理和维护其网站上成千上万的视频。我们提供了内容管理系统、视频转码服务和播放器，客户可以将播放器嵌入网页，为他们的用户播放视频。

我们的头部客户非常关心视频性能：他们希望播放器的加载速度更快，并且能根据可用的网络带宽快速调整视频质量，支持额外的定制集成。我们想让客户满意，但由于在公司成立后的 18 个月里，播放器代码库中积累了大量的技术债，开发新功能的速度很慢且容易出错，而且没有自动化测试来保证对产品代码的修改不会破坏原有逻辑。我们知道，如果没有可靠点的基础，就无法快速满足当前和未来客户的需求。因此，我们决定重写播放器，使其性能更好、更加模块化，并建立一个更干净、经过充分测试的代码库。

　　在一次周会上，我们的首席技术官和产品经理向 8 个人的工程团队公布了重写计划和时间表，用甘特图分解了工作任务，显示了不同的任务需要多长时间，并绘制了各个模块之间的依赖关系。我们计划将视频播放、分析、广告、用户界面和其他模块的重写工作并行执行，最后再花一周时间将所有代码整合在一起。一个由 3 名高级软件工程师组成的团队预估，整个团队需要 4 个月的时间才能完成这个项目。由于正好赶上圣诞节假期，新功能的开发将在接下来的 4 个月暂停，客户经理被要求在此期间推迟响应客户的需求。

　　我对这个雄心勃勃的项目充满期待。团队在过去一年半里取得的成就让我印象深刻。然而，快速构建产品的冲刺让代码库一直处于瘫痪状态。我习惯于在谷歌那种经过良好测试的代码库的基础上工作，因为它可以满足快速开发功能的需要。我认为 Ooyala 的重写是一个机会，让公司更接近这种状态。然而，当注意到工作日程表有重叠，而且一个软件工程师同时被分配到两个项目上时，我感到非常惊讶。但由于我们不能将新功能的开发推迟 4 个月以上，所以我把这份担心置之脑后，希望能比预期提前完成工作。

　　在项目开发过程中出现了一些小问题，如果我更有经验，就会识别出这些危险信号。我们想采用 Thrift①对分析数据编码，使分析模块更具可扩展性。Thrift 是 Facebook 开源的一个新协议，但我们只用了几天时间来做这项工作。而且因为 Thrift 不支持 ActionScript（Flash 的编程语言），所以我必须编写一个 C++编译器扩展以自动生成我们需要的 ActionScript 代码，这个任务本身就花了一个多星期。此外，我们还想把一些新的第三方广告模块集成到新的播放器里，结果发现这些模块有很多 bug，其中有一个甚至在相当正常的情况下也会导致

---

① 译注：Thrift 是一种接口描述语言和二进制通信协议，用来定义和创建跨语言的 RPC 框架。

播放器出问题。在构建视频播放模块时，有位团队成员发现我们想用于提高性能的一个 Adobe 核心底层接口无法可靠地报告视频是在缓冲还是在播放，我们不得不煞费苦心地以启发式的开发方法来了解当前状况。

随着 12 月的项目交付期限不断临近，我们知道进度落后了。无论如何，我们还得继续前进。我们对发布经理说，如果情况不顺利，播放器的发布可能会推迟到来年 1 月。即便在那时候，我认为团队中的所有人都没有预料到我们实际上会延后多久。

新播放器——颇具讽刺意味地被命名为"Swift"（意为快捷）——在 5 个月后的 2009 年 5 月全面发布，此时距项目启动已经近 9 个月。[1] 我们的项目虽然有重大意义也让人大开眼界，但并不快捷。如果早知道这个项目将需要 9 个月而不是 4 个月，我们就会彻底考虑其他替代方案，比如缩小项目范围，进行更多的增量重写，或减少其他定制功能。然而，我每个月都在担心我们这家小小的初创公司能不能从这个被严重延迟的项目中熬过来。那时我们正处于 2009 年经济衰退的中期，客户预算紧张，风险投资者不愿提供资金。幸运的是，我们的公司没有倒闭，而且这个项目的发布也为我们带来了许多其他商机。如今，Ooyala 每月向全球近 2 亿独立观众提供超过 10 亿个视频。[2]

从自身的经历和与其他软件工程师的讨论中，我了解到 Ooyala 的故事并非孤例。Windows Vista 的发布延迟了 3 年多。[3,4] 网景浏览器 5.0 版的发布延迟了 2 年，导致其市场份额从 80% 骤降到 20%。[5,6] 游戏《大刀》（*Daikatana*）原本计划在 7 个月内推出，但多次跳票，最后的发布时间比原定交付日期晚了两年半，超出预算数百万美元，最终导致公司破产。2009 年，在研究了 50,000 多个软件项目后，斯坦迪什集团①得出结论：44%的项目交付延迟、超出预算或功能缺失；24%的项目未能完成，而延期的项目其时间预算平均超支79%。[7]

项目估算是卓有成效的工程师需要学习的最难技能之一。但掌握这项技能至关重要，因为企业需要根据准确的估算来为产品制订长期计划，他们需要知道何时可以腾出资源来开发即将推出的功能，或者何时可以向客户对功能的要求做出承诺。即使我们没有在截止日期前交付的压力，对项目需要多长时间完成的认知也会影响我们的行动决定。

我们总是在信息不足的情况下工作。因此，只有提高项目估算的准确性以及提高我们适应不断变化的需求的能力，项目规划才算是成功的。这两个目标对于大型项目尤其重要。从绝对值来看，短期项目的进度一般不会落后很远。一个预计需要几小时的项目可能会推迟到几天后结束，而预计需要几天的项目可能会推迟一两个星期才完成。我们有时根本没有注意到这些小偏差。然而，也不乏预计几周或几个月内完成的项目延迟数月，甚至数年。这些项目都极为艰辛。

在本章中，我们将提供一些工具，帮助你管理项目计划，并对不切实际的时间表进行调整。我们将研究分解对项目的估算以提高准确性的方法，探讨如何更好地为未知的因素编制预算。我们将讨论如何清楚地定义项目的范围并建立可度量的里程碑，然后研究如何尽早降低风险，以便我们能够更快地适应。最后我们将讨论，发现自己进度落后时必须当心，以及不能通过加班拼命追赶截止日期的真正原因：我们实际上可能还处于马拉松比赛的中间阶段。

---

① 译注：Standish Group，美国的一个研究咨询机构，专注于 IT 项目的性能。

使用准确的估算推动项目规划

"你认为完成这个项目需要多长时间？"在软件项目中，我们经常被问到这个问题。我们的估算，即使不准确，也会影响业务决策。而糟糕的估算可能会造成巨大的损失，那么如何才能做得更好呢？

史蒂夫·迈克康奈尔（Steve McConnell）在《软件估算的艺术》（*Software Estimation*）一书中对好的估算给出了工作定义。"一个好的估算，"他写道，"能够对项目的实际情况提供足够清晰的视角，使项目负责人能够就如何控制项目以达到目标做出正确的决定。"[8]这个定义将估算（estimate）与目标（target）两个概念明确区分开来：前者反映了我们对项目所需要的时间或工作量的最佳猜测；后者则反映了我们期望达成的业务目标。软件工程师负责估算，经理和业务负责人负责指定目标。如何有效地处理估算与目标之间的差距正是本章的重点。

项目进度经常延迟，因为我们会根据目标调整估算结果。业务负责人为项目设定了一个特定的截止日期——比如 3 个月后。软件工程师估计需要 4 个月的时间来实现功能需求。也许是因为销售团队已经向客户做出了承诺，所以项目的截止日期不可更改，在激烈的讨论之后，软件工程师只好妥协，将原本的估算结果推翻，把必要的工作硬塞进一个不切实际的 3 个月的项目计划中。而当截止日期临近时，团队不得不面对现实，必须重新调整之前所做的承诺。

一种更有效的方法是使用估算为项目规划提供信息，而不是反过来。既然不可能在目标日期之前交付所有功能，那么是在保持日期不变的情况下交付可能的功能更重要，还是应该保持功能集不变，推迟项目截止日期，直到所有功能都可以交付？了解业务优先级有助于在内部进行更有成效的对话，从而设计出更好的项目计划。这就需要进行准确的估算。

那么，怎样才能做出准确的估算，提供项目所需的灵活性呢？以下是一些具体策略：

- **将项目分解为细粒度的任务。** 对一个大项目进行估算时，先将其分解成若干个小任务，再对每个小任务进行估算。如果一个任务需要两天以上的时间，就进一步分解。冗长的估算过程里总是隐藏着恼人的意外，把它当作一个警告，表明你还没有对这个任务进行充分的思考，没有彻底理解它所涉及的内容。任务拆分得越细，未考虑到的子任务在以后悄然出现的可能性就越小。

- **根据任务需要的时间进行估算，而不是根据自己或别人的希望花多长时间进行估算。** 管理者会很自然地采用某个版本的帕金森定律，该定律认为"工作会自动地膨胀，占满一个人所有可用的时间。"[9] 管理者会质疑估算结果，目的是推动我们更快地完成任务。但是，如果你已将估算做得很细，就更容易回应质疑。我见过的一个折中方案是用估算值来设定一个公开目标，用主管的要求来设定一个内部的延伸目标（stretch goal）。[①]

- **将估算结果视为概率分布，而不是最佳情况。** 汤姆·狄马克（Tom DeMarco）在他的《控制软件项目》(*Controlling Software Projects*)一书中写到，我们经常将估算结果视为"最乐观的预测，其实现概率大于零"。估算变成了一个"你最快什么时

---

① 译注：stretch goal 指不太容易实现的目标，是需要经过努力才能达成的挑战性目标。

候会无法证明自己不会失败"的游戏。[10] 因为我们是在信息不完全的情况下工作，所以我们应该将估算结果看作是一系列结果的概率分布，包括最好的情况和最坏的情况。与其告诉产品经理或其他利益相关者，我们将在 6 周内完成一项功能，不如告诉他们："我们有 50% 的可能在 4 周后交付该功能，但有 90% 的可能会在 8 周内交付。"

- **让执行实际任务的人来做估算**。每个人拥有技能不同，对代码库的熟悉程度也不一样。因此，你花 1 小时完成的工作，别人可能需要 3 小时。尽可能让真正负责某项任务的人去做实际的估算工作。Ooyala 的播放器重写项目的估算结果之所以不切实际，部分原因是一小部分人估算了整个团队的工作量。将估算的工作分配给更多的团队成员，可以让他们练习估算能力，并且让大家相互能看到不同的人对工作量是如何高估或是低估的（大多数人会低估）。在需要设定项目目标时，我会与团队一起安排会议，专门花时间做估算工作。

- **谨防锚定偏差（anchoring bias）**。研究行为经济学的杜克大学教授丹·艾瑞利（Dan Ariely）进行了一项实验，他让学生写下自己社保号码的最后两位数字，然后估算一瓶葡萄酒的价格。社保号码尾数较大的学生估算的葡萄酒价格要高得多，有时甚至高出实际价格两倍以上。这些任意的数字已经在他们潜意识里锚定并影响了估算。[11] 类似的情况经常发生在软件项目中，项目经理可能会随意猜测项目所需的工作量（同样，通常也是低估的），或者要求你快速估算出一个大概的数字。在实际列出所涉及的任务之前，要避免轻易承诺一个初步的数字，因为较低的估算值可能会设定初始锚点,使得以后难以生成更准确的估算结果。

- **使用多种方法估算同一任务**。这样做有助于增强对估算方法正确性的信心。例如,假设你正在构建一个新功能,可以这样做:1)将项目分解为细粒度任务,估算每个单独的任务所需的时间,进行自底向上的估算;2)收集历史数据,了解交付类似软件所需的时间;3)计算必须构建的子系统的数量,并估算每个子系统所需的平均时间。

- **当心"人月神话"**。在软件工程领域,项目工期通常以人小时、人天、人周或人月来衡量,即一个普通的软件工程师完成项目所需工作的小时、天、周或月的数量。不幸的是,这种核算方式导致了这样一个神话:人和时间是可以互换的。但是,一个女人能在九个月内生下一个孩子,并不意味着九个女人能在一个月内生下一个孩子。正如弗雷德里克·布鲁克斯(Frederick Brooks)在《人月神话》(*The Mythical Man-Month*)中所解释的那样,随着更多成员的加入,会议、邮件、一对一交流、小组讨论等活动产生的沟通成本会随着团队规模的扩大而呈二次方增长。[12, 13]此外,新的团队成员需要一段时间来适应项目才能有产出,所以不要认为增加更多的人就可以缩短项目的时间。

- **根据历史数据验证估算结果**。StackExchange 公司的联合创始人乔尔·斯波尔斯基(Joel Spolsky)主张使用有历史依据支持的、数据驱动的估算结果。[14]如果你知道从历史数据上看自己总是低估 20%,那么就很清楚,需要将总体的估算值增加

25%；或者，你也可以说，因为你上个季度将用户或收入的增长率提高了 25%，本季度预计也能实现类似的增长率。

- **使用时间盒（Time Box）限制任务范围。** 你当然可以花更多的时间去研究使用哪种数据库技术或哪个 JavaScript 库来实现新的功能，但是这样一来所投入时间的收益就会递减，并且日程表上的时间会递增。相反，我们应当为开放性的活动分配一段固定的时间，或者一个时间盒。与其估算完成某项研究大概需要 3 天时间，不如承诺在 3 天之后根据现有的数据尽可能做出最好的决定。

- **允许他人质疑估算结果。** 做估算是很难的，所以我们都会有找捷径或死盯数字的倾向。在团队会议上对估算结果进行审查，虽然会增加一些额外的成本，但是能够提高估算结果的准确性和支持度。其他人可以凭借自己的知识或经验，帮助我们发现估算中的错误或缺失的部分。

在第 6 章中，我们了解到迭代验证想法可以获得更好的工程结果。同样，迭代修改估算结果可以使我们得到更好的项目成果。在项目开始时所做的估算，其中包含更多的不确定性，但随着细节被逐渐填充进来，我们所掌握的情况与实际情况的差异会逐渐缩小。要使用获得的新数据来调整已有的估算结果，进而修改项目计划；否则，项目计划依然是基于过时的信息制订的，无法保证准确性。

度量执行某项任务实际耗费的时间，并将其与估算的时间进行比较，这有助于我们在修改之前的估算结果或者对未来项目进行估算时减少误差。随着时间的推移，数据会清楚地显示，我们是倾向于低估还是高估，或者完全准确。例如，根据这些数据，我们可以采用将工程量估算值乘以 2 的经验法则来对新的任务进行估算。正如第 5 章所讨论的，我们应该对想要改进的目标进行度量，在这里，项目估算能力就是我们需要改进的对象。当小任务的工作进度出现延迟时，我们应该停下来，考虑未来的其他任务是否也会受到影响。

小规模的度量可以起到很大的作用。我曾经参与过一个项目，团队必须将用 Python 语言编写的应用程序移植到 Scala 语言，我为团队成员建了一个简单的电子表格，以跟踪他们对任务的估算时长以及实际时长。大多数团队成员最初都低估了任务时间，低估了 50%。在一两周内，这种可见性就使大家能够更准确地了解一周内可以迁移多少行代码。这个举措在后来得到了回报，因为它帮助团队对未来里程碑的时间表做出了更准确的估算。

发现某些任务花费的时间比预期的长得多，可以让我们尽早知道自己是否已落后。这反过来又使我们能更快地调整时间表或削减优先级较低的功能。如果不知道自己落后多少，就无法做出这些调整。

为意外情况留出预算

很多软件项目因为种种原因而错过截止日期，但通常不是因为人员没有努力工作。Ooyala 的工程团队当然不缺乏人才或动力。它与我在谷歌共事的典型团队一样强大，甚至更加强大。大多数人连续几个月每周工作 70~80 小时，为了能按时完成项目，我们中的许多人甚至在假期探亲的时候也在埋头编程。

但是，虽然尽了最大努力，我们还是无法按时完成对播放器的重写。我们确实低估了单个任务的时间长度，但这个错误本身是有可能补救的。导致进度严重落后的原因是我们没有估计或考虑到未知的项目和问题，其中包括：

- 为新代码库开发一个单元测试工具，并为自动化测试编写我们自己的模拟和断言库。这些任务都是我们希望作为项目的最佳实践而执行的，但在最初估算项目时间时，并没有把它们考虑进来。
- 没有认识到编程风格指南的重要性。这些指南可以提高长期的代码质量，我们应该在编写大量代码之前先制订这些指南。
- 被几笔高优先级的客户订单打断，每一笔订单都会让一些工程师离开团队一两周。
- 调试视频损坏的问题，如果用户在浏览器上以某些难以复现的方式跳转到视频帧，Adobe 的播放器就会崩溃。
- 随着客户的视频库越来越大，我们每天需要处理更多的分析数据，这就必须解决产品的可扩展性问题。
- 在项目中期，一位早期的工程师跳槽去了另一家公司，导致需要进行大量的知识交接和重新分配工作任务。
- 在 4 个月后恢复了新产品的开发工作，因为公司不能再推迟新产品的开发了。
- 从头开始重写用户界面组件，而不是使用我们之前用的第三方渲染库，以达到减小播放器二进制文件大小的目的。
- 将 Subversion 存储库迁移到 Git 以加快开发速度。

以上每一个问题单独来看都是可以克服的，但是这些独立问题叠加起来所产生的复合效应对我们的进度安排造成了严重的破坏。

我在弗雷德里克·布鲁克斯的《人月神话》中找到了解释：我这些特殊的项目经历实际上反映了软件项目进度落后的一般性模式。他这样写道："当人们听到某个项目的进度发生了灾难性的进度延误时，可能会认为项目一定遭受了一系列重大灾难。然而，灾难通常是由白蚁的侵蚀造成的，而不是龙卷风。"[15]一个个微小的决定和未知的因素导致 Ooyala 的进度一天天慢慢地落后。

项目的时间越长，出现意外情况的可能性就越大，理解了这一点，我们就能更好地处理未知的问题。处理此类问题的第一步，是区分预计的工作时间与日历时间。截止日期经常让我们措手不及，是因为我们把"这个项目需要一个月的工程量才能完成"与"这个项目将在一个日历月内完成"这样的说法混为一谈。我们估算的当然是完成工作所需的时间，但经理、客户和营销人员所考虑的是交付日期。问题在于，一个月的工程量需要比一个日历月更长的时间才能全部完成。

作为软件工程师，我们的工作通常包括修复未完成的 bug，进行面试，参加团队会议，与经理进行一对一的交流，响应系统告警，培训新入职人员，回复电子邮件，以及处理许多其他经常性工作。一旦考虑到这些细节，你就会明白一个 8 小时的工作日实际上并不能为项目提供 8 小时的工作时间。

临时性干扰也时有发生。工程部门可能会安排 bug 修复日、黑客马拉松、非现场办公或绩效评审；运营团队可能会安排核心开发人员在计划停机时间对系统升级、维护或迁移数据；销售团队可能迫切需要你做一些定制开发来完成订单；你可能需要修复意外中断或高优先级的安全漏洞，还可能需要调查某个关键业务指标突然下降的原因；团队成员可能会生病，被要求担任陪审员①，或者外出度假。或许在

---

① 译注：美国法律规定，每个成年美国公民都有担任陪审员的义务。

一周中这些干扰发生的概率都是可预测的或很低的。但项目越大，持续的时间越长，这些因素就越有可能影响团队中的某些成员，并以显著的方式打乱项目进度。

当进度延迟时，这些干扰的影响会进一步加剧。假设在错过截止日期后，某团队估计还有一个月的工作要完成。由于和之前相同的原因，这一个月的工作量很可能会需要一个月多的时间才能完成。此外，在原计划的交付日期过后，对工程时间的需求可能会立即增加。而团队成员也许已将假期安排在原定截止日期后的那一周。如果项目原定在某个假期前完成，那么这个假期会进一步延迟交付日期。大家都认为，有些已经被推迟到该项目完成后再继续的任务不可以再往后推了。因为我们 Ooyala 的团队将开发新功能的任务推迟了 4 个月，所以当 4 个月的时间到期时，我们突然发现自己既要抓紧时间完成播放器重写，又要解决客户一直在耐心等待处理的需求。最终的结果是，在错过了最初的交付日期后，我们的开发速度更慢了。

在制订日程时，应当为意料之外的干扰预留缓冲时间。在长期项目中，这些干扰的某些组合将以一定的概率出现。要搞清楚团队中每个成员每天实际投入在给定项目上的时间。例如，Asana 的工程经理杰克·哈特（Jack heart）解释说，团队将每个标准工程日规划为 2 个工作日，以充分考虑每天预料外的干扰。[16]

如果有人被安排到大型项目上，那么你应该明白，其进度取决于他每周在项目上花费的时间。要考虑到竞争性的时间投资，并为未知因素留出缓冲空间。Dropbox 内部平台及库团队的负责人亚历克斯·阿兰（Alex Allain）有时会用电子表格列出每周的项目进度，在上面标注每周团队成员都在做什么工作，并将节假日和每个人的假期划掉[17]。这种轻量的方法提供了一个快速检查团队状态的机制。

显式地跟踪记录不属于最初项目计划的任务所花费的时间，从而建立起相应的意识，可以减少这些临时干扰猝不及防地打乱项目计划的可能性。

设定具体的项目目标和可度量的里程碑

开始重写 Ooyala 视频播放器中的分析模块时，我们知道最终会改用一种扩展性更好的日志格式。既然很快就要替换，为什么还要在旧日志格式的基础上重新构建模块呢？从长远来看，提前做出改变会减少工作量，至少当时团队是这么认为的。不幸的是，像这样的一系列用心良苦的决定对我们的项目造成了代价高昂的进度延迟。导致项目延期的常见原因是对成功要素的模糊理解——在 Ooyala 的案例中，成功的要素是减少总工作量而不是尽早地交付工作产品——这反过来又使我们很难做出有效的取舍，评估项目是否真正走上了正轨。

根据需要解决的问题为项目设定具体的目标，然后使用里程碑来衡量这些目标的进展。塔玛尔·贝尔科维奇利用这些技巧成功地管理了她在云存储公司 Box 的一个大型基础设施项目。2012 年末，贝尔科维奇的团队面临着一个关键的扩展系统的挑战。在过去的 7 年中，他们的整个应用程序数据库仅采用了单实例的 MySQL，那时这样简单的配置就足够了。但现在数据库的流量已经增长到每天近 17 亿次查询，即使团队已经将数据库复制到其他服务器，大多数流量仍然需要经过一个主数据库。存储文件夹和文件的关键表已经分别增长到数千万行和数亿行，它们越来越难以管理和更新。团队预计客户将大幅增长，并且将在几个月内超过他们架构的容量。[18]

在研究了潜在的扩展方案后，贝尔科维奇和她的团队启动了一个项目，对大量的文件夹和文件表分片。目标是对两个表进行水平分区，以便它们可以将分区或分片存储在不同的数据库实例上。当 Box 应用程序需要访问数据时，它首先会在一个查找表里查看哪个分片包含数据，然后查询存储该分片的相应数据库。在分片架构下，只需将数据拆分为更多分片，并将它们移动到其他服务器，最后更新查找表，就可以轻松适应未来的用户增长。棘手的部分是在零停机时间的情况下迁移。

该项目的时间很紧，需要完成大概 80 万行代码的修改。凡是涉及两个表的查询的代码路径都需要修改和测试。贝尔科维奇将其描述为"一个你将触及一切的项目……并且真正改变获取基本数据组件的方式。"这也是一个风险很大的项目。它的范围有可能扩大而且进度会延迟，就像 Ooyala 的播放器重写项目一样。但是，如果不能在数据和流量超过系统容量之前完成迁移，则可能会给 Box 带来灾难。

贝尔科维奇使用了一个降低风险的关键策略：根据明确的问题为项目设定明确的目标。这个明确的问题就是，Box 很快将无法在单个数据库上支持不断增长的流量。因此她的目标就是在不停机的情况下尽快迁移到分片架构。

设定项目目标是一项简单的操作，但带来了两个具体的好处。首先，有明确定义的目标是一个重要的筛选器，可以用它把任务列表中的必选项与可选项分开。它有助于防止功能蠕变，因为肯定会有人问："利用这个机会同时做 X 任务不是很好吗？我们一直都想这样做！"事实上，在 Box 的架构迁移过程中，贝尔科维奇最初推动团队重写数据访问层，进而避免软件工程师们各自通过随意且零散的 SQL 查询来筛选结果。类似的 SQL 查询方式会使分片变得更加复杂，因为必须解析 SQL 查询以确定它们是否动过存储文件和文件夹表；此外，移除对 SQL 查询的支持还会带来其他好处，比如将来更容易进行性能优化。但是当考虑自己的目标时，软件工程师们一致认为重写将使项目时间更长，而且他们可以通过其他方式解决这个问题。贝尔科维奇强调说："非常、非常明确地知道我们到底要解决什么，有助于我们确定哪些工作在范围内，哪些在范围外。"

目标越具体，就越能帮助我们区分项目范围的边界。以下是一些具体项目目标的例子：

- 将主页延迟时间的第 95 百分位的值降低到 500 ms 以下。
- 发布新的搜索功能，允许用户按内容的类型筛选结果。
- 将服务从 Ruby 移植到 C++，以提高性能。
- 重新设计网络应用程序，以便从服务器上请求配置参数。
- 为移动应用程序建立离线支持模式，以便在没有数据连接的情况下也可以访问内容。
- 对产品结账流程进行 A/B 测试，以增加每个客户的销售额。
- 撰写新的分析报告，按国家/地区划分关键指标。

设定具体的项目目标的第二个好处是，它让关键利益相关者认清目标，便于大家达成一致。"了解目标是什么、限制条件是什么，并指出背后的假设，这是非常、非常重要的，"贝尔科维奇解释道，"要确保与项目中的所有其他利益相关者在这方面保持一致。"如果跳过这一步，就很容易对我们所认为的主要问题进行过度优化——在即将发布的时候，经理会提出疑问："那些你没有解决的、关键的 X、Y 和 Z 功能怎么办？"

对目标达成一致，还有助于团队成员对可能损害整体目标的局部权衡承担更多责任。在一个漫长的项目中，很容易出现有人因为陷入某一任务——重写一些代码，或者构建某个相关的功能——而消失一个星期的情况。从每个软件工程师的角度来看，走一小段弯路并不会使整体进度减慢多少，而且从长远来看，像清理代码库这样的任务甚至可能会减少总体工作量。然而，工程的局部权衡所带来的许多好处要等到项目结束后才能兑现，而增加项目时间窗口内的总工作量则会导致延迟。这些延迟的成本取决于项目，而对目标达成一致，有助于确保团队成员在组织内分解和消化这些成本并做出一致的权衡。否则，随之而来的将会是典型的"公地悲剧"①，[19] 每个人的权衡都是合理的，但在总体上却转化为不可接受的延迟。明确定义目标的范围，使团队成员更容易相互确认及询问："你所做的工作是否有助于实现主要目标？"

现在回想起来，确定一个比"在 4 个月内重写 Ooyala 的播放器"更具体的目标是缩短项目时间的有效方法。比如，我们可以选择这样的目标："尽快构建一个支持动态加载模块的视频播放器的降级版替代品，并进行单元测试，以后可以扩展到支持额外的广告集成、分析报告和视频控制功能。"这个目标使团队对必须完成的任务以及可以推迟并在以后逐步添加的任务有了一致的认知。

比设定具体目标更有效的方法，是列出可度量的里程碑以实现这些目标。这是贝尔科维奇团队用于降低风险的第二个补充策略。当被问及某个任务或项目的状态时，我们的回答通常是"差不多完成了"或"完成了 90%的代码"，一部分原因是我们不善于估计自己的状态和剩余的工作量。一个具体的里程碑，应当包括一组特定的功能 X、Y 和 Z，最好还有一个目标完成日期，这样可以使我们坦诚面对现状，并且帮助我们更准确地衡量进度是正常还是远远落后。

就前面的分片架构重构项目而言，里程碑包括：

---

① 译注：美国学者哈定 1968 年在《科学》杂志上发表了一篇题为《公地的悲剧》的文章，指人们过度使用公共资源，从而造成资源的枯竭。

1. 重构代码，使文件和文件夹查询支持分片，例如，将单个 MySQL 数据库切片，成为多个数据库，并对应用程序进行重构，使其可以在多个数据库上正常工作。

2. 支持分片，从表面上看逻辑分片程序查找了分片所在位置，但其实仍然从单个数据库获取所需数据。

3. 单个分片可移到另一个数据库。

4. 完成对所有账户中文件和文件夹的数据分片。

贝尔科维奇说："每个里程碑都是一个非常明确的检查点，我们在其中增加了一些以前没有的价值。"也就是说，这些里程碑是可度量的，系统要么满足标准并按所承诺的方式执行，要么没有。可度量的质量使她的团队能够仔细检查每一项任务，并确认这项任务是否为实现这一里程碑的先决条件。这个思考角度使他们能够积极地优先处理正确的工作。

如果说用具体的目标来界定一个项目的范围就好比将赛道一直铺设到终点线，那么勾勒出可度量的里程碑就像是设置里程标记，这样我们就可以定期检查自己是否在遵照既定进度开展工作。里程碑可以作为评估项目进度的检查点，也可以作为与组织中其他部门沟通团队进度的渠道。如果我们落后了，里程碑还可以提供一个修改项目计划的机会：延长截止日期，或者缩减任务。

几个月后，贝尔科维奇和她在 Box 的团队成功地将产品迁移到分片架构，并扩展到支持数十个分片的数十亿个文件。[20] 在此过程中当然也出现了一些 bug——包括将一个分片从一个数据库复制到另一个数据库时，应用程序会显示重复的文件夹——但该团队锁定目标和里程碑，成功地避免了项目延期和变得过于冗长。

　　我们可以从相同的技巧中受益。设定具体的目标以降低风险，有效地分配时间，并通过设置里程碑来跟踪进度。这使得我们能够达成一致，推迟一些不重要的任务，并减少在项目中无意识扩大项目范围的可能性。

及早降低风险

　　作为软件工程师，我们喜欢构建新的东西。看到事情进展顺利，成功完成，大脑就会释放内啡肽让我们兴奋起来，而制订计划和参加会议则不会产生这样的效果。这种倾向会使我们偏向于在一个项目中对自己很了解的部分取得明显的进展。然后说服自己，我们的确走在正确的轨道上，因为风险较高部分的成本尚未显现。但遗憾的是，这只会给我们提供一种虚假的安全感。

　　高效地执行项目意味着将截止日期可能被推迟的风险降至最低，并尽早发现未曾想到的问题。其他人可能依赖于最初的时间计划，而他们越晚发现问题，失败的成本就越高。因此，如果某个问题比预期更难解决，最好尽早发现并调整目标日期。

　　先处理风险最大的领域，有助于我们识别与之相关的任何估算错误。尽早并经常验证我们想法（在第 6 章中讲过）也可以化解与项目相关的风险。如果我们要改用一种新技术，构建一个小规模的端到端原型就会暴露出许多可能出现的问题；如果我们要采用新的后端基础设施，那么尽早系统地理解其性能和故障特征，有助于深入了解保持系统健壮性所需的条件；如果我们正在考虑一种新的设计来提高应用程序的性能，对核心代码段进行性能基准测试可以增加对其达到性能目标的信心。从一开始，我们的目标就应该是最大限度地加快学习速度和降低风险，这样就可以在必要时调整项目计划。

除了与项目相关的特定风险之外，所有大型项目都有一个共同的风险，那就是系统集成需要的时间几乎总是比计划的时间更长。当我们将不同的软件组件集成在一起时，子系统代码之间意外的交互、对组件在边界情况下功能的不同预期，以及由于考虑不充分所导致的设计问题都会浮出水面。相较于代码的行数增长，代码间的交互次数增长才是代码复杂度增长的主要原因，所以当子系统以复杂的方式相互作用时，我们会感到惊慌失措。此外，在项目的早期估算阶段，由于不确定最终状态会是什么样子，我们很难将集成的系统分解为细粒度的任务。例如，在一个项目中，我们仅在集成时才意识到许多带有待办事项的注释仍然散落在整个代码库中。在对系统集成测试的估算中没有包含完成这些被搁置任务的时间，因此团队不得不争分夺秒地赶在截止日期之前完成这些任务。

如何才能降低集成风险？一个有效的策略是构建端到端的脚手架，并尽早进行系统集成的测试。剔除不完整的功能和模块，并尽快组装出一个端到端的完整系统，即使它只有部分功能。将集成工作前置有许多好处。首先，它迫使我们更多地考虑不同部分之间的必要黏合以及它们如何交互，这有助于完善对集成的估算并降低项目风险；其次，如果在开发过程中有什么东西破坏了端到端的系统，我们可以在开发过程中识别并修复，以降低代码复杂性，而不是等到最后仓促之中再去处理；再次，它分摊了整个开发过程中的集成成本，这有助于了解实际剩余的集成工作量。

最初的项目估算结果与实际情况会有巨大的差异，因为我们是根据不完全和不确定的信息估算的。当我们获得更多的信息并修正估算过程时，这些差异就会缩小。将可能需要大量时间的工作移到项目初期来完成，可以降低风险，而且我们能有更多的时间和信息来制订有效的项目计划。

极为谨慎地对待重写项目

软件工程师有一个非常普遍的特征，就是总想从头开始重写一些东西。也许原来的代码库有不少技术债，或是随着时间的推移累积了很多临时解决方案。于是我们会想，重新设计一个更整洁的代码库不是很好吗？又或者原来的设计太简单，缺少功能——如果我们能实现 X 和 Y 不是很好吗？

非常可惜的是，重写项目也是风险最大的项目之一。我在 Ooyala 的经历就是一个例子，说明了重写项目的时间表是如何失控并将企业置于危险之中的。当我向负责 Gmail 和谷歌 Apps 四年的山姆·席拉斯咨询，他所见过的软件工程师犯的代价最大的错误是什么时，他的回答是："试图从头开始重写——这是最严重的错误。"

由于以下几个原因，重写项目特别麻烦：

- 重写项目和其他软件项目一样，存在项目规划和估算的问题。
- 由于我们熟悉原来的版本，所以通常会比做一个新项目更严重地低估重写项目的工作量。
- 很容易在重写项目中增加额外的改进，因为这些想法的确很诱人。为什么不重构代码以减少一些技术债，或是使用性能更高的算法，又或者在重写代码时重新设计这个子系统？
- 在进行重写时，任何新功能或改进都必须添加到重写的版本中（在这种情况下，它们在重写完成之前就不会启动），或者必须在现有版本和新版本之间复制（为了尽快推出这些功能或改进）。这两种方案的成本都会随着项目进度的延迟而增加。

弗雷德里克·布鲁克斯创造了"第二系统效应"（second-system

effect)这个术语来描述重写过程中的困难。在第一次构建某个系统时，我们对自己的任务了解不足，所以倾向于谨慎行事。我们会将改进搁置在一旁，并尽量让事情保持简单。但布鲁克斯警告说，第二个系统是"一个人所设计的最危险的系统……普遍的倾向是过度地设计，曾在第一个系统中被小心谨慎地推迟的修饰功能和想法终于有用武之地了。"我们看到了改进的机会，但在处理这些改进的过程中，增加了项目的复杂性。由于我们过度自信，第二个系统特别容易出现进度延误。

成功重写系统的工程师往往会将大型重写项目转换为一系列较小的项目。他们通过更多可控制的阶段，以渐进的方式重写软件系统。他们采用了马丁·福勒（Martin Fowler）在《重构》（*Refactoring*）一书中倡导的思维方式：软件工程师应该应用一系列增量的、保持软件行为不变的变换来重构代码。"以一系列小步骤来完成重构可以降低引入错误的风险，"福勒建议，"你还可以避免在执行重构时损坏系统——这样你就可以用较长时间来逐步重构系统。"[21]

以增量方式重写系统是一项高杠杆率的活动。它在每一步都提供了额外的灵活性，使你可以转移到其他更高杠杆率的工作，无论是因为项目花费的时间比预期的长，还是因为出现了意外情况。使用增量方法可能会增加总的工作量，但能够显著降低风险，因此还是非常值得的。在重写播放器之后，Ooyala 的技术主管菲尔·克罗斯比（Phil Crosby）领导了一个项目，将一个基于 Flash 的大型内容管理系统迁移到 HTML5，以提高未来的迭代速度。然而，要是一下子全部重写会带来很大的风险：如果进度延误，那么在重写的版本发布之前，新功能的开发必须在 Flash 和 HTML5 中同时进行。克罗斯比的团队采取了不同的方法。他们在前期投入了一些时间来构建基础设施，以支持该应用程序的混合版本，使他们可以在 Flash 应用程序中嵌入

HTML5 组件。这样他们就能够一次一个地逐步移植并发布 HTML5
组件，同时也为完全用 HTML5 编写的新功能打开了大门。该方法总
体上需要完成的工作量更多，但它增加了团队的灵活性，并且大大地
减少了项目的时间压力。

　　在重写为 Lob 公司①的 API 提供支持的软件时，该公司的两位创
始人之一哈瑞·张（Harry Zhang）采取了类似的方法。他的团队为公
司构建了一个 API，用于打印和邮寄文档及产品。他们的代码库已经
变得混乱不堪，难以使用，因此他们决定用 Node.js 重写 API 服务。
他们没有一次性完成所有工作，而是构建了一个代理服务器，有选择
地为新旧 API 服务器之间的不同 API 地址进行路由。只要他们保留了
接口，就可以逐步部署他们的服务器来处理新的地址，并且如果遇到
错误或问题也可以切换回来。这种增量的方法为他们提供了更大的空
间来完成重写，还能同时解决不断出现的客户问题。

　　有时，进行增量重写并不可行——也许你没有办法同时为新旧版
本区分流量部署。另一个最佳方法是将重写工作分解为独立的、有针
对性的阶段。斯基拉切（Schillace）的初创公司 Upstartle 开发了一个
名为 Writely 的在线文档产品，在被谷歌收购之前（被收购之后该产
品成为谷歌 Docs），该产品迅速走红，用户数量猛增到 50 万。他的
四人团队用 C#编写了 Writely，但谷歌的数据中心并不支持这种语言。
每天都有数以千计的用户继续注册，导致团队花费了太多精力去修复
一个明知无法扩展的代码库。

　　因此，他们的首要任务是将原始的 C#代码库转换为 Java 的，以
便利用谷歌的基础设施。斯基拉切的一位联合创始人认为，他们应该

---

① 译注：Lob 公司采用在线的方式寄送线下的邮件，只要调用他们的 API，你
　　就可以像发送电子邮件一样发送纸质邮件。

在转换的同时重写代码库中他们不喜欢的部分。毕竟，为什么要在费心费力地将代码库用 Java 重写后，却又立即丢掉一部分呢？斯基拉切坚决反对这种逻辑，他说："我们不能这样做，因为我们会迷失方向。第一步是转换为 Java，让代码重新运行起来……一旦用 Java 重写的代码运行起来，第二步就是……重构和重写那些困扰你的东西。"最后，他说服团队为重写工作设定了一个非常明确的目标：采取尽可能最短的路径，让网站在谷歌的数据中心运行起来。即使仅仅达成这个目标也是相当困难的，因为必须为产品的新基础架构学习和集成 12种不同的谷歌内部技术。他们花了一周时间通过一系列正则表达式运行代码库，将大量代码转换为 Java 的，然后费尽心思地修复了数万到数十万个编译错误。但由于严谨的两步法，他们的四人团队在短短12 周内就完成了重写，创下了作为收购方移植到谷歌基础架构的最快团队记录，并为谷歌 Docs 的发展铺平了道路。[22]

事后来看，在 Ooyala 的播放器重写项目中采用类似的两阶段方法，可能是为最大限度提高及时完成项目概率所能做的唯一的、最有效的改变。如果将目标设定为尽快部署一个新的、模块化的、具有相同功能和性能的播放器，我们就会主动推迟任何不必要的任务（比如，迁移到 Thrift 进行数据分析，与其他广告模块集成，设计一个更时尚的播放器皮肤，或者将性能提高到最低限度以上）。随后的改进可以根据路线图上的其他任务进行优先级排序，并在初始版本发布后逐步解决。这就意味着每周 70~80 小时的工作时间得以缩减，新老播放器之间需要复制的功能减少了，应对意外问题的灵活性却增加了。

说服自己和团队进行阶段式的重写可能是很困难的。为早期阶段编写代码往往令人气馁，因为你知道自己写的那些过渡性代码很快就会被扔掉。但如果与目标日期相差甚远，推迟新功能的发布，或被迫两次构建紧急功能，那就更加令人沮丧了。对于大型的重写项目，增量或分阶段的方法是更安全的选择。它既可以避免进度推迟的风险和相关成本，也为解决新出现的问题提供了宝贵的灵活性。

不要在马拉松比赛的半程冲刺

我参与过两个历时数月的大项目，每个项目中都有一位雄心勃勃、用心良苦的工程经理领导团队加班加点地冲刺直到项目结束。这两个团队都由才华横溢、兢兢业业的员工组成，他们都想赶在紧迫的截止日期之前完成任务，因为他们坚信项目延迟会使公司破产。我们曾把每周的工作时间从 60 小时增加到大约 70 小时。但在这两个案例中，经过几个月的紧张冲刺，项目仍然没有完成。事实证明，我们与马拉松比赛的终点相距甚远，在中间的某个地方就开始全力冲刺，这种努力是不可持续的。

尽管尽了最大的努力，但有时我们仍然会发现项目的截止日期不断向后延迟。我们如何处理这些情况，与我们最初做出准确的估算一样重要。假设距截止日期还有两个月，经理意识到该项目比原计划晚了两周。他可能会这样想：为了赶上截止日期，团队需要在接下来的两个月里多投入 25% 的时间——也就是每周工作 50 小时而不是 40 小时。不幸的是，实际的情况并不像数学计算那么简单。有许多原因可以解释为什么增加工作时间并不一定意味着能赶上发布日期：

- **随着工作时长的增加，每小时的生产力会下降。**过去一个多世纪的研究表明，长时间工作实际上会降低生产力[23]。19 世纪 90 年代的雇主试行 8 小时工作制后，实现了更高的人均总产出[24]。1909 年，西德尼·查普曼（Sidney Chapman）发现，加班期间生产力会迅速下降；疲劳的工人开始犯错误，短期的产

量增加是以牺牲随后几天的产量为代价的[25]。亨利·福特在
1922 年制定了每周 40 小时的工作制度,因为多年的实验表明,
这可以提高工人的总产出。[26, 27] 加班时间内边际生产力的下
降意味着不可能通过多工作 25%的时间来增加 25%的产出。
事实上,每周总产量的增加可能根本不会实现。1980 年的一
项研究发现, "如果每周工作 60 小时或以上的时间,持续大
约两个月以上,生产力下降的累积效应将导致完工日期延迟,
超过每周工作 40 小时本可达到的截止日期。"[28]

- **进度落后的程度超出你的想象。**进度落后事实上意味着我们前
  几个月的工作量被低估了。这反过来可能还意味着整个项目的
  工作量都被低估了,包括剩下的两个月。此外,我们往往更擅
  长对项目前期的工作进行估算,因为那个时候处理的都是我们
  所了解的具体开发任务。相比之下,对项目尾声的工作进行估
  算就比较困难,团队通常会低估系统集成所需的时间,而且只
  要出现一个意外问题就可能使进度落后一周甚至更长时间。

- **额外的工作时间会压垮团队成员。**这些额外的加班时间并非凭
  空而来,而是大家牺牲了原本可以与朋友或家人一起度过的时
  间,以及锻炼、休息或睡觉的时间。这些个人的恢复时间被换
  成了紧张的工作时间,随之而来的(如果难以量化的话)是精
  疲力竭带来的风险。汤姆·狄马克和提摩西·李敦特(Timothy
  Lister)在《人件》(*Peopleware*)一书中记录了一种他们称之
  为"地下时间"(undertime)的现象。他们发现,加班之后"几
  乎总会有一段同等的补偿性时间,员工为了补偿自己在生活方
  面的损失,而在工作中耗费时间去做与工作无关之事。"[29] 此

外，他们还补充说，"加班的积极影响被过分夸大了，而它的负面影响……可能是巨大的：工作中的错误增加、加深工作倦怠感以及加速员工离职。"[30]

- **加班会损害团队活力**。并非团队中的每个人都能灵活地投入额外的时间加班。也许一名团队成员要照顾家里的孩子，也许其他人计划在接下来的几个月内进行为期两周的旅行，或者某人由于通勤时间太长而无法工作那么长时间。团队曾经团结一致，每个人都平等、合理地工作，而现在那些工作时间更长的人必须承担那些不能或不愿工作的人的重担。结果可能是以前融洽的团队成员之间滋生敌意和怨恨。

- **随着截止日期的临近，沟通成本也在增加**。在发布日期之前的几天或几周，通常会出现疯狂的行为。团队召开更多会议，更频繁地分享状态更新，以确保每个人都在做正确的事情。额外的协调工作意味着人们投入到剩余工作中的时间更少。

- **朝着截止日期冲刺会产生大量技术债**。当一个团队为了赶上截止日期而加班加点地工作时，他们几乎不可避免地会找捷径以达到里程碑。结果在项目完成后，留下了一堆必须偿还的技术债。也许他们会在项目结束后做好笔记，重新审视这些技术债，但必须在下一个关键项目开始前优先清理完这些代码。

因此，加班并不是解决糟糕的项目规划的灵丹妙药，而且加班会带来高昂的长期风险和成本。除非有一个切实可行的计划，通过加班真的可以赶上发布日期，否则从长远来看，最好的策略是重新定义要发布的功能，仅包含团队在目标日期之前可以交付的内容，或者将截止日期推迟到更现实的时间。

话虽如此，但有时我们仍然会觉得为了赶上关键的截止日期，有必要加班一小段时间。也许组织中的每个人都对这次发布期待已久；也许这个项目如此关键，以至于部门经理认为如果延迟的话公司将会倒闭；或者大家担心团队错过了截止日期会产生严重的后果。因此有时候，尽管需要付出长期的代价，我们还是会做出必须加班的决定。在这种情况下，必须确保团队中每个人都能接受加班。可以通过以下方式来增加通过加班完成目标的可能性：

- **确保每个人都了解进度落后的主要原因**。进度放缓是因为人们懈怠，还是项目的某些部分比预期的更复杂、更耗时？你确定这些同样的问题不会持续下去吗？

- **制订更切实可行的项目计划和时间表**。说明为什么加班就代表能赶上发布日期，以及具体如何做。定义可度量的里程碑，以检测新修订的项目计划是否落后。

- **如果发现实际进度甚至落后于修订后的时间表，那就做好准备放弃冲刺**。接受你可能在马拉松比赛的半程就发起了冲刺，并且终点线比你想象的更遥远的现实。这时要尽量减少损失，因为再多的加班也不太可能解决问题。

不要把加班作为没有应急计划的补救措施。如果被逼到绝境并且别无他法时，随着截止日期逐渐临近，你更有可能惊慌失措，手忙脚乱。一个卓有成效的工程师深知应当提前做好规划。

项目估算和项目规划是极难做好的，许多软件工程师（包括我自己）都是从类似的痛苦经历中了解到的这一点。要想做得更好，唯一的办法就是实践上述这些概念，尤其是在小项目上进行实践，因为小项目的估算错误带来的成本更低。而项目规模越大，风险越高，出色的项目规划和估算能力对项目成功的帮助也就越大。

本章要点

⊙ **将估算结果纳入项目计划。** 这些估算结果应该作为一种输入,用来决定在某个特定日期交付一组功能是否可行。如果不可行,就应该重新讨论项目范围或者截止日期。不要让一个理想的目标来决定估算结果。

⊙ **在日程表中为意外的情况留出缓冲空间。** 充分考虑团队成员相互冲突的工作职责,以及假期、疾病等因素。项目的时间越长,其中一些情况发生的可能性就越大。

⊙ **定义可度量的里程碑。** 有明确定义的里程碑可以提醒我们是否偏离了正轨。将它们用作修改估算结果的机会。

⊙ **先做风险高的任务。** 尽早发现未知因素,减少估算结果与实际情况的差异以及项目中的风险。不要先专注于做容易的事情,这会给自己带来能够按期交付的错觉。

⊙ **了解加班的限度。** 许多团队在距离终点线很远的地方就开始冲刺,因此精疲力竭。不要因为进度落后且不知所措就冲刺。只有在确信加班能使我们按时完成项目时,才需要加班。

第三部分　构建长期价值

8

权衡质量与务实

谷歌有非常高的编码标准。编程风格指南规定了 C++、Java、Python、JavaScript 和公司内部使用的其他编程语言的规范。这些指南定义了诸如空格和变量命名之类的细节，以及谷歌代码库中允许使用哪些语言特性和编程惯用法 [1]。在你提交任何代码变更之前，必须有另一位软件工程师对其进行审查，验证你所做的变更是否符合样式约定，代码是否具有足够的单元测试覆盖率，以及是否符合谷歌的编码标准。[2]

谷歌甚至要求软件工程师为他们在公司所使用的每一种编程语言正式通过代码可读性审查。软件工程师必须向一个内部委员会提交一份代码样本，并证明他们已经阅读并内化了所有编纂成文的风格指南。如果没有被委员会盖章批准，每一个代码变更就必须经过另一位已经通过可读性审查的软件工程师的审查及批准。

对代码质量设置的这种高标准，使谷歌这样一个拥有超过 45,000 名员工、分布在全球 60 多个国家/地区的组织能够以难以置信的效率扩展其规模。[3,4] 到 2013 年年底，谷歌的市值在全球所有上市公司中排名第四，进一步证明其工程实践方法足以支撑起一个庞大的成功企业。[5] 谷歌的代码一直相对容易阅读和维护，尤其是与许多其他组织相比而言。代码质量也具有自我传播效应，新入职的软件工程师会以他们看到的优秀代码为榜样，来改进自己的代码，从而形成一个正反馈循环。我大学毕业加入谷歌的搜索质量团队后，学习编程和软件工程最佳实践的速度比在其他许多地方要快得多。

但这种优势也是有代价的。由于每一次的代码变更，无论是为 100 个用户还是为 1000 万个用户而做的，都要遵循相同的标准，因此实验性代码的成本非常高。如果一个实验失败——"实验"这个词的含义就决定了它们大多数都会失败——那么投入在这些高质量、高性能和可扩展的代码上的时间就都白费了。所以，在谷歌内敏捷地构建原型和验证新产品变得更加困难。许多急性子的软件工程师因为渴望更快地开发新产品，最终选择加入初创公司或小公司，这些公司为了达到更快的迭代速度而放弃了谷歌对代码和产品的严格要求。

对于初创公司或小公司来说，谷歌的那一套工程实践显得过于烦琐：要求新入职的软件工程师阅读并通过可读性评审，会给完成工作增加不必要的开销；对可能被抛弃的原型或实验强加严格的编码标准会扼杀新的想法；编写测试和彻底检查原型代码可能是有意义的，但笼统的要求则不然。谷歌的做法可能会造成对代码质量的过度投资，并导致所投入时间的收益递减。

归根到底，软件质量是一个权衡问题，并且不存在什么通用规则可以指导我们具体怎么做。Facebook 前工程总监鲍比·约翰逊声称："从对与错的角度思考……并不是一个非常准确或有用的观察世界的角度……与其说对错，我更愿意从有效或者无效的角度看待事情。这样能帮助我理清思路，更有效地做出决策。"[6] 一味地固守以"正确的方式"构建某些东西的想法，可能会使关于方案权衡以及其他可行选项的讨论陷入瘫痪。实用主义思考的是什么对实现目标有效、什么无效，这是一个更有效的视角，通过它可以更好地思考软件质量问题。

产出的软件的质量高，组织就能够扩大规模并加快软件工程师创造价值的速度，而在质量方面投资不足，则会阻碍我们快速行动。但另一方面，为了产出高质量的代码，组织对于代码审查、标准化和测试覆盖率的要求也有可能过于教条化，以至于这些流程带来的质量方面的收益越来越少，实际上降低了效率。"你必须迅速行动才能构建高质量的软件。如果不这样做，当事情或者你对事情的理解发生变化时，你就无法做出正确的反应……，"Facebook 早期的软件工程师埃文·普里斯特利（Evan Priestley）写道，"而且你必须构建高质量的软件才能快速行动。如果不这样做，……你在处理代码时浪费的时间要比构建低质量的软件所节省的时间还多。"[7] 时间最好花在什么地方？是用于增加单元测试覆盖率还是设计更多产品原型？是用于审查代码还是编写更多代码？鉴于高质量代码带来的收益，为自己和团队找到一种务实的平衡会有极高的杠杆率。

在本章中，我们将研究构建高质量代码库的几种策略，并考虑其中所涉及的权衡：优点、缺点以及实施这项策略的实用方法。我们将讨论代码审查的好处和成本，并提出一些方法，使团队可以审查代码同时又不过度影响迭代速度。我们将研究正确的抽象是怎样被用来管理复杂度和放大工程产出的，以及过早的代码泛型化如何减慢了我们的进度。我们将展示覆盖广的自动化测试如何使快速迭代成为可能，以及为什么某些测试比其他测试具有更高的杠杆率。最后，我们将探讨什么时候积累技术债是有意义的，以及应该什么时候偿还。

建立可持续的代码审查流程

工程团队对代码审查的态度各不相同。代码审查在某些团队的文化中根深蒂固，以至于软件工程师无法想象在没有代码审查的环境中工作。例如，谷歌设置了专门的软件检查流程，防止软件工程师将未经审查的代码提交到代码库中，而且每次提交时都需要至少经过另一个人的审查。

对这些软件工程师来说，代码审查的好处是显而易见的。这些好处包括：

- **尽早发现错误或设计上的缺陷。** 在开发过程的早期解决问题，所需的时间和精力更少；当软件部署到生产环境后，解决问题所需的成本就会明显增加。2008 年，一项针对 650 家公司的 12,500 个项目的软件质量的研究发现，通过设计和代码审查平均可以消除 85%的剩余 bug。[8]

- **增加做代码变更时的责任心。** 如果知道团队中有人会对代码进行审查，你就不太可能在代码中添加一个快速但丑陋的临时解决方案，然后把这个烂摊子留给另一个人解决。

- **为如何写好代码进行积极的示范。** 代码审查提供了分享最佳实践的途径，软件工程师可以从自己审查的代码中学习，也可以从其他人审查的代码中学习。此外，软件工程师也会通过读到的代码潜移默化地学习。读到更好的代码就意味着他们会学着写出更好的代码。

- **分享代码库的知识。** 有人审查过你的代码，这确保了至少还有一个人熟悉你的工作，并且当你不在时可以替你解决高优先级

bug 或其他问题。

- **增加长期的敏捷性**。代码的质量越高，越容易理解，修改起来越快，并且越不容易出现 bug。这些都可以直接提升工程团队的迭代速度。

虽然不做代码审查的工程师也承认代码审查可以提升质量，但他们经常表示自己担心代码审查会影响迭代速度。他们认为，花在代码审查上的时间和精力可以更好地用在产品开发的其他方面。例如，Dropbox，一家成立于 2007 年的文件共享服务提供商，在其最初的四年里并没有正式要求进行代码审查。[9] 尽管如此，该公司还是成功组建了一支强大的工程团队，并打造出拥有数千万用户的明星产品 [10,11]，在此之后他们才不得不进行代码审查以帮助提升代码质量。

从根本上讲，代码审查所能提升的代码质量与将代码审查的时间投入到其他工作上所获得的短期生产力之间存在着一种权衡。不做代码审查的团队随着其成长可能会遇到越来越大的压力，迫使其实行代码审查。新入职的软件工程师可能会错误地理解代码，从烂代码中学到坏习惯，或者开始重新造轮子——以不同的方式重新解决类似的问题，所有这些都是因为他们没有机会接触到高级软件工程师的体系化知识。

鉴于这些权衡，做代码审查究竟有没有意义？回答这个问题需要一个关键的见解：是否执行代码审查，这不应该是一个二元选择，即所有代码要么被审查，要么不被审查。相反，我们应该将代码审查视为一个连续的过程，可以采用不同的方式进行，这样既可以减少开销，又能够保持收益。

谷歌是一个极端的例子，它要求审查所有的代码变更。[12] 而另一方面，较小的团队采用更灵活的代码审查流程。在 Instagram 的早期，软件工程师经常进行结对代码审查，其中一个人会在共享显示器上浏览另一个人的代码。[13] Square 和 Twitter 经常使用结对编程来代替代码审查。[14,15] 当我们在 Ooyala 引入代码审查时，会先通过电子邮件将代码审查的结果发送给团队，并且只审查核心功能中比较棘手的部分；为了提高开发速度，我们还会在代码已经被提交、推送到主分支之后再进行审查。

在 Quora，我们只要求审查业务逻辑的模型和控制器代码，将网络界面呈现给用户的视图代码则无须审查。我们在大部分代码被推送到生产环境后才进行审查，因为不想减慢迭代速度。但同时，我们希望确保为未来投资高质量的代码库。比如，涉及底层细节的代码往往风险更大，因此我们经常在提交对这一类代码的变更之前进行审查；员工加入公司的时间越短，针对他们做的代码审查越有价值，因为这会使他们的代码质量和风格达到团队的标准，所以我们会尽早审查新员工的代码，并给予更多的关注。这些示例说明，我们可以通过调整代码审查流程来减少摩擦，同时享受代码审查带来的好处。

此外，代码审查工具在过去几年中有了显著改进，降低了代码审查的成本。我刚开始在谷歌工作时，软件工程师们通过邮件发送评审意见，在意见中手动引用代码的行号。其他公司在做代码审查时，团队成员要坐在会议室里通过投影仪阅读代码。而如今，GitHub 和 Phabricator 等代码审查工具提供了轻量级的网页界面。当软件工程师在提交消息中提到某个队友的名字时，git hooks 等工具可以自动向这个人发送代码审查请求。审查者可以直接在网页界面中添加行内评论，轻松查看自上一轮反馈以来代码发生的变化。代码静态检查器（Lint）可以自动检测代码与编程风格指南间的偏差，从而提高一致性。[16,17] 这些工具都有助于减少代码审查成本，将工程时间投入到重要的事情上：向代码提交者提供有价值的反馈。

通过实验，找到适合你和团队的代码审查的正确平衡点。在 Ooyala 的早期，我们的团队没有进行代码审查。但是由于低质量的代码干扰了产品开发，最终我们为提高代码质量而引入了代码审查。后来，一些团队成员甚至构建了一个名为 Barkeep 的开源代码审查工具，以进一步简化审查流程。[18]

利用抽象控制复杂性

在谷歌，我可以编写一个简单的 C++ MapReduce 程序来计算其搜索索引中数十亿网页中每个单词出现的频率——只需短短半小时。采用 MapReduce 编程框架，那些在分布式处理、网络或构建容错系统方面没有任何专业知识的软件工程师可以轻松定义大型分布式机器集群上的并行计算。我可以使用 MapReduce 来协调谷歌数据中心的数千台机器完成我的任务。其他软件工程师将其应用于 Web 索引、排名、机器学习、图形计算、数据分析、大型数据库连接和许多其他复杂的任务。[19]

相比之下，2005 年我在麻省理工学院为硕士论文设计分布式数据库原型的经历要痛苦得多。我花了数周的时间写了数千行代码，定义分布式查询树，收集和组织计算输出，启动/停止服务器上的服务，定义自己的通信协议，设置数据序列化的格式以及优雅地从故障中恢复。所有这些工作的最终结果是：我可以在 4 台机器的分布式数据库上运行一个查询。[20]不可否认，这远远达不到谷歌的计算规模。

如果谷歌的每一位软件工程师都必须像我一样花费数周时间来组装分布式计算所需的所有组件，那么他们将需要更长的时间写更多的代码才能完成工作。而 MapReduce 将复杂性抽象出来，让软件工程师专注于他们真正关心的事情：应用程序逻辑。大多数使用 MapReduce 抽象的软件工程师不需要了解该抽象的内部细节，小型团队无须具备相关专业知识背景，就可以轻松对大量数据进行并行计算。MapReduce 在谷歌内部发布的 4 年内，软件工程师们编写了 10,000 多个独特的 MapReduce 应用程序[21]，这证明正确的抽象能发挥巨大的作用。后来的抽象，比如 Sawzall，甚至可以编写能够编译成 MapReduce 程序的简单脚本，与等效的 C++程序相比，代码量仅是其十分之一。[22] 谷歌的 MapReduce 启发了流行的开源 Hadoop MapReduce 框架，使其他公司也能从中受益。

MapReduce 的例子说明了正确的抽象为什么能大幅提高软件工程师的产出。麻省理工学院教授丹尼尔·杰克逊（Daniel Jackson）在《软件抽象》（*Software Abstractions*）一书中，阐述了选择正确的抽象的重要性。"选择正确的抽象，你的设计就能自然而然地转换为程序，模块的接口将会小而简单，新的功能也更易于适配而不需要进行大规模重组，"杰克逊写道，"如果选择了错误的抽象，编程时将出现一系列令人头疼的意外：接口会因为要被迫适应意料之外的交互而变得怪异和笨拙，甚至难以实现最简单的变更。"[23]

杰克逊的这段话谈到了正确的抽象是如何提高工程生产力的：

- **抽象将原始问题的复杂性简化为更易于理解的原语。**使用 MapReduce 的软件工程师不必考虑可靠性和容错性，而是处理两个简单得多的概念：将输入从一种形式转换为另一种形式的 Map 函数，以及将中间数据合并并产生输出的 Reduce 函数。许多复杂的问题都可以使用一系列 Map 和 Reduce 转换来表达。

- **抽象降低了应用程序的维护成本，使未来的改进更容易应用。**

我用来统计单词的那个简单的 MapReduce 程序不超过 20 行自定义代码。而我在麻省理工学院编写的分布式数据库的数千行组装代码，在谷歌就没有必要写，因为这些代码所做的工作 MapReduce 已经都替我做了，换句话说，这数千行代码以后都不用再编写、维护或者调整了。

- **抽象一次性解决难题，且解决方案可以多次使用**。这是"不要重复自己"（Don't Repeat Yourself, DRY）原则的一个简单应用，[24] 一个好的抽象会将所有共享的、通常很复杂的细节整合到一个地方。难题只需要处理和解决一次，其解决方案每使用一次就会得到一份额外的回报。

与我们在第 4 章中研究的节省时间的工具类似，正确的抽象可以将工程生产力提高一个数量级。强大的工程团队会在这些抽象上投入大量资金。除了 MapReduce，谷歌还构建了 Protocol Buffers[25] 以可扩展的方式对结构化数据进行编码，构建了 Sawzall[22] 用于简化分布式日志处理，构建了 BigTable[26] 用于存储和管理 PB 级结构化数据，以及许多其他程序以提高生产力。Facebook 构建了 Thrift[27] 来支持跨语言服务开发，构建了 Hive[28] 支持半结构化数据的关系式查询，构建了 Tao[29] 以简化 MySQL 数据库上的图形查询。在 Quora，我们创建了像 WebNode 和 LiveNode 这样的抽象，从而可以很容易地实时更新网络框架中的功能 [30]。在许多情况下，这些工具将构建新功能的时间从数周或数月缩短到数小时或数天。

与代码质量的许多其他方面一样，为问题构建抽象时也需要权衡。构建一个通用的解决方案往往比构建一个特定问题的解决方案花费的时间更多。为了达到收支平衡，抽象为未来的软件工程师节省的时间，需要超过构建抽象时所投入的时间。这种情况更可能发生在团队高度依赖的代码上（例如日志记录或用户身份验证库），而不是代码库的外围部分，因此应该将更多精力放在对核心抽象的改进上。

然而，即使是核心抽象，也有可能在前期过度投资。Asana 是一家构建任务和项目管理工具的初创公司，在成立后的第一年里它几乎都在开发 Luna——一种用于构建网络应用程序的新框架。该公司的团队甚至开发了自己的配套编程语言 Lunascript[31]。Asana 的工程经理杰克·哈特解释了团队早期的想法："Asana 认为，Lunascript 所能赋予的抽象能力非常强大，以至于最终，编写 Lunascript 之后再开发 Asana 这样规模的网络应用，要比不用 Lunascript 直接开发同样规模的网络应用快得多。"[32] 这项工程投资产生了巨大的机会成本：直到公司成立两年后，该团队才有了可以公开演示的产品。最后，团队不得不放弃他们为 Lunascript 编译器设定的雄心万丈的远大目标（尽管他们仍然能够重用 Luna 框架的某些部分），转而使用 JavaScript。现在来看，在编译生成高性能代码方面有太多未解决的研究层面的问题，并且没有足够的工具支持该语言，这两种情况都分散了团队的时间和精力，无法真正开发产品。

正如在抽象上过度投资会产生高昂的成本一样，创建一个糟糕的抽象也是如此。当我们为工作寻找合适的工具时，如果发现从头开始构建一个新的抽象要比整合一个现成的、量身设计的抽象更容易，这就表明这个抽象可能设计不当。在对要解决的一般性问题有充分把握之前，如果过早地创建抽象，得到的设计往往会过度拟合那些当前已知的使用场景。其他软件工程师（甚至是你自己）可能会草率地进行修改，尽量回避抽象的缺点，或者完全避免使用这个抽象，因为它太难用了。糟糕的抽象不仅会浪费精力，也是阻碍未来发展的技术债。

那么，怎样才算是一个好的抽象呢？几年前，我参加了约书亚·布洛赫的一次讲座，他是许多 Java 核心库的架构师，当时是谷歌的首席软件工程师。他谈到了"如何设计一个好的 API 及其重要性"，论述了好的软件接口的特征，并展示了这些属性如何应用于好的抽象 [33]。好的抽象应该：[34]

- 易于学习。
- 易于使用，甚至无须文档。
- 难以误用。
- 足够强大，能满足需求。
- 易于扩展。
- 适合于受众。

此外，好的抽象将复杂的概念分解为简单的概念。编程语言 Clojure 的作者里奇·希奇（Rich Hickey）在他的演讲 "Simple Made Easy"（简单才可行）中解释说，简单的东西只扮演一个角色，完成一项任务，达成一个目标，或者处理一个概念 [35]。简单的抽象避免了将多个概念交织在一起，这样我们就可以独立地对它们进行推理，而不是被迫把它们放在一起考虑。在构建软件时，有一些技巧可以降低附带的复杂性，如避免可变的状态，使用函数式而非命令式编程，优先使用组合而非继承，以声明方式而非命令方式表示数据操作等。

设计好的抽象需要花费大量精力。你可以通过研究别人设计的抽象来学习如何构造好的抽象。因为对一个抽象的采用会随着其易用性与收益的提高而规模化增加，所以抽象的使用率和受欢迎程度是衡量其质量的一个合理指标。可以从以下方法入手：

- 在工作中的代码库或 GitHub 上的存储库里查找流行的抽象。

通读它们的文档，研究它们的源代码，并尝试进行扩展。

- 浏览谷歌、Facebook、LinkedIn 和 Twitter 等科技公司的开源项目。了解为什么 Protocol Buffers、Thrift、Hive 和 MapReduce 等抽象对这些公司的发展是不可或缺的。

- 研究 Parse、Stripe、Dropbox、Facebook 和 Amazon Web Services 等公司开发的流行 API 的接口，了解开发人员可以轻松地在其平台上构建东西的原因，再反思一下你或社区其他成员不喜欢的 API，并找出不喜欢它们的原因。

自动化测试

单元测试覆盖率和一定程度的集成测试覆盖率提供了一种可扩展的方式，既可以管理大型团队不断增长的代码库，也不会时常破坏构建的项目或产品。如果没有严格的自动化测试，进行全面的人工测试所需的时间可能会令人难以承受。许多 bug 会通过生产环境和外部的 bug 报告检测到，因此每一个主要功能的发布和每一次现有代码的重构都成为一种风险，导致错误率飙升，然后随着 bug 被报告和修复，错误率逐渐下降，如图 8-1 中的实线所示。[36]

一套全面的自动化测试可以验证新代码的质量，并保护旧代码，避免引入错误或导致其他错误，从而抚平错误率尖峰并降低整体错误率，即图 8-1 中改进后的虚线部分。实际上，在修改一段未经测试的代码之前，首先要添加缺失的测试，以确保所做的变更不会导致问题。类似地，在修复 bug 时，首先对含 bug 的代码进行自动化测试。这样，当代码通过测试时，你就会更有把握，这个 bug 是真的被解决了。

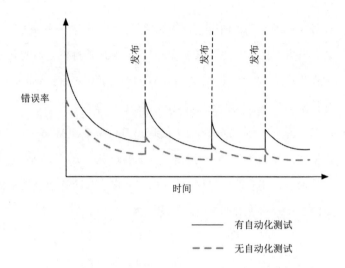

图 8-1: 在有/无自动化测试的情况下错误率随时间变化的曲线

　　自动化测试不仅减少了 bug，还带来了其他好处。最直接的好处就是减少了需要手动完成的重复性工作。我们不需要手动触发不同代码分支的变更，而可以通过编程方式快速运行大量分支以验证正确性。此外，测试越接近生产环境中的实际情况，软件工程师运行这些测试就越容易，他们也就越有可能将测试纳入开发流程并实现自动化检查。这反过来又促使软件工程师对自己的代码质量更加负责。

　　自动化测试还给了软件工程师更强大的信心去修改代码，尤其是重构大型项目时。在执行数千行代码的重构以提高质量或实现新的抽象时，我非常感谢单元测试所提供的保护。如果修改代码的人或团队不是代码的原始作者（这种情况很常见），并且不了解所有的边缘情况，这种保护就尤为重要。自动化测试减轻了人们因为担心可能会导致程序崩溃而对修改和改进代码怀有的恐惧心理。它使得将来对代码进行转换变得更容易。

　　当代码出现故障时，自动化测试有助于快速确定责任人。如果没有自动化测试，问题需要更长的时间才能被发现，而且经常会被错误地归咎于负责被损坏的功能的人，而不是提交了相关代码变更的人。Dropbox 的工程经理亚历克斯·阿兰回忆，有一次，某些面向企业客户的流程神秘地停止了工作，包括他的团队在内的多个团队不得不争分夺秒地调查出了什么问题。最终，他们追溯到数据团队做出的一个看似无害的变更：一位软件工程师在数据库层调整了对象缓存的工作方式，无意中改变了内部数据库 API 的行为——而阿兰的团队一直依赖于旧 API 的行为。如果他的团队编写了自动化测试脚本来测试 API 的依赖关系（或者让数据工程师编写测试脚本来捕捉新旧 API 之间的差异），那么这个 bug 可能从一开始就会分配给应该负责的人，避免了浪费他的团队的时间。

最后，自动化测试提供的可执行文档说明了代码原作者考虑到的诸多情况以及如何调用代码。随着代码的增加和团队的成长，人们对代码库的平均熟悉度会降低，如果没有做足够的测试，就很难在未来进行修改。而且，就像文档一样，原始作者在对代码还记忆犹新的时候更容易编写测试脚本，而对于几个月或几年后再试图修改代码的人来说，这就没那么容易了。

然而，自动化测试虽然有益，也并不代表为所有代码进行自动化测试都是一个好主意。100%的测试覆盖率是很难实现的。有些代码会比其他代码更难进行自动化测试。此外，除非你正在开发的是任务关键型或安全关键型软件，否则教条式地要求对所有代码进行自动化测试可能会浪费时间。自动化测试的覆盖率设定为多少是一个需要权衡的问题。小的单元测试往往易于编写，虽然每一个单元测试可能只带来很小的益处，但是由它们所组成的大型单元测试库可以帮助我们快速建立起对代码正确性的信心。集成测试更难编写和维护，但创建几个关键的集成测试就是一项高杠杆率的投资。

尽管自动化测试有以上诸多好处，但培养关于自动化测试的文化还是很不容易的。可能是由于组织的惯性：人们认为编写单元测试会降低他们的迭代速度。也许还有历史的原因，由于测试脚本很难编写，部分代码没有经过测试。或者因为团队不清楚当前编写的代码是否会真正被投入生产环境——对于一个甚至可能无法交付的产品，人们是没有动力去编写自动化测试的。

这就是卡蒂克·艾亚尔（Kartik Ayyar）在领导 Zynga 公司的社交网络游戏《星佳城市》（Cityville）的开发时所面临的困境 [37]。在《星佳城市》中，玩家通过建造房屋、铺设道路和经营企业，将一个虚拟城市从小型开发区发展为繁华的大都市。该游戏在发布后的 50 天内，月活跃用户飙升至 6100 多万，一度成为 Facebook 所有应用程序中月活跃用户最多的游戏。[38]艾亚尔以个人贡献者的身份加入《星佳城市》团队，当时团队中只有少数几个软件工程师，但他很快就成为这个 50 人团队的工程总监。

在《星佳城市》成为热门游戏之前，艾亚尔告诉我，该游戏的许多玩法并没有出现在正式发布的产品中，因此很难证明在测试方面投资的合理性。"如果真的舍弃了这么多游戏玩法，我们要在测试上投入多少成本？"他曾问过自己。此外，即使在游戏推出之后，也需要不断发布新内容来维持玩家的增长，这一需求的重要性远超过了其他需求。以增加新型建筑为形式的内容创作更是重中之重。由美术师、产品经理和软件工程师组成的团队通力合作，差不多每天发布三次新内容。他们几乎没有时间去构建自动化测试，而且自动化测试所能提供的价值也不明朗。

此外，实现高测试覆盖率是极其艰巨的任务。游戏中用于表示城市地图中某个道具的类的构造函数包含大约 3000 行代码，而单个城市建筑可能有 50~100 行配置文本，用于指定建筑的外观和依赖关系。

经过排列组合后，需要做的测试总量是相当惊人的。

当一个简单的单元测试明显开始为他们节省时间时，拐点就出现了。由于建筑的依赖关系非常复杂，在部署时经常会遇到问题：软件工程师在合并将要发布的功能代码时会意外删除依赖关系。一位软件工程师最终为一座城市建筑编写了一个基本的自动化测试，以确保建筑配置所引用的图像文件确实在代码库中，不会在代码合并过程中被错误删除。这个简单的测试发现了《星佳城市》部署中的许多错误，帮助节省的时间数倍于编写测试所花费的时间。当节省的时间变得明显后，大家开始寻找其他测试策略来帮助他们更快地迭代。"嗯，我们既然检查了图像的配置，那么为什么不检查一下配置文件的其他部分呢？"卡蒂克解释道，"一旦真正开始运行这些单元测试，并将它们集成到构建中，大家就会真正看到测试节省了多少时间。"

编写第一个测试通常是最难的。有一种有效的方法帮助养成测试的习惯，尤其是在维护很少有自动化测试的大型代码库时，那就是专注于高杠杆率的测试——相对于编写它们所花的时间，这些测试可以节省大量时间，简直就是一本万利。一旦有了一些好的测试策略、测试模式和测试代码库，将来再编写测试时所需的工作量就会减少。这种投入与产出的差异有利于编写更多的测试，创建良性的反馈循环，节省更多的开发时间。让我们从最有价值的测试开始，然后逐步推进。

偿还技术债

有时，我们会以一种在短期内合理，但从长远来看可能代价高昂的方式来开发软件。我们想方设法绕开设计指南，因为这样做要比遵循它们更快、更容易；我们放弃为新功能编写测试用例，因为在截止日期之前有太多工作要完成；我们复制、粘贴和调整现有的代码块，而不是重构它们来支持我们的场景。无论是因为懒惰还是有意识地决定尽早发布产品，这些权宜之计都会增加代码库中的技术债。

技术债是指为了改善代码库的健康度和质量必须做的却被延迟的所有工作，如果不加以解决就会减慢迭代速度。维基的发明者沃德·坎宁安（Ward Cunningham）在 1992 年的一篇会议论文中创造了"技术债"这个词："第一次交付代码就像负债一样。只要能迅速地用重写来偿还，一点点的债务是可以加速软件开发的，……当债务没有偿还时，危险就会发生。花在不完全正确的代码上的每一分钟都算作债务的利息。"[39] 就像金融债务一样，如果不能偿还技术债的本金，就意味着会有越来越多的时间和精力被用于偿还累积的利息，而不是创造价值。

过了某个阶段，过多的债务会阻碍我们取得进展。负债累累的代码难以理解，甚至更难以修改，降低了迭代速度；它更容易在无意中引入 bug，这进一步增加了成功变更代码所需的时间。因此，软件工程师们主动回避这些债务缠身的代码，即便对它们进行修改可能是高杠杆率的工作。许多人决定编写迂回的解决方案，就是为了避开那些令人头疼的负债代码。

技术债不仅仅是在我们编写快速而肮脏的变通方案时累积起来的。只要是在没有完全理解问题的情况下编写软件，第一个版本最终就很可能不如我们所希望的那么整洁。随着时间的推移，我们会对更有效的工作方式产生新的见解。由于我们对问题最初的理解总是不完整的，因此不可避免会产生一点债务，这只是完成任务的一部分。

成为更高效的软件工程师的关键在于，当需要在截止日期内完成任务时，勇于承担技术债，但定期偿还它们。正如《重构》一书的作者马丁·福勒所指出的，"最常见的问题是开发组织失去对技术债的控制，并将未来大部分的开发工作花在支付技术债的巨额利息上"。[40]
不同的组织使用不同的策略来管理技术债。Asana 是一家构建在线生
产力工具的初创公司，它会在每个季度末安排一次"焕然一新周"
（Polish and Grease Week）活动，来偿还他们在用户界面和内部工具上
积累的技术债。Quora 在每次为期一周的"黑客马拉松"之后，都会
投入一天的时间做技术债的清理工作。当缓慢的开发速度明显地影响
团队的执行能力时，就证明技术债累积过多，一些公司会明确安排重
写项目（以及应对随之而来的风险）。谷歌会举办"修复日"（Fixit）
活动作为偿还技术债的轻量级机制，例如"文档修复日"（Docs Fixit）、
"用户愉悦感修复日"（Customer Happiness Fixit）或"国际化修复日"
（Internationalization Fixit）等，鼓励软件工程师解决特定主题的技术
债问题。[41] 比如，LinkedIn 在公司上市后将新功能的开发暂停了整整
两个月。他们利用这段时间修复了一个损坏的流程——软件工程师花
了一个月的时间部署新功能——然后以更快的速度恢复开发。[42]

然而，在许多其他公司，要由软件工程师自己来安排偿还技术债
的工作，以及划定其与其他工作的优先级，甚至可能需要自己为偿还
技术债所耗费的时间辩护，证明其合理性。不幸的是，技术债通常难
以量化。我们对重写代码需要投入的时间和能够节省的时间越是缺乏
信心，就越应该从小处着手，渐进式地解决问题。这样做可以降低风
险，避免让清理技术债变得过于复杂，并让我们有机会向自己和他人
证明技术债是值得偿还的。我曾经组织过一次"代码清理日"活动，
我和一组队友删除了代码库中不再使用的代码。这是一项小而专注的
工作，几乎没有失败的风险。此外，谁不喜欢那种扔掉不再使用的代
码的畅快感觉呢？我们清除了大约 3% 的应用程序级代码。这个活动
的合理性很容易证明，因为它帮助其他工程师节省了在代码库中陈旧
且无关内容上浪费的时间。

与我们讨论过的其他权衡一样，并非所有技术债都值得偿还。我们的时间有限，时间花在偿还技术债上，就无法进行其他创造价值的工作。此外，有些技术债的利息要高于其他技术债。代码库的某个部分被读取、调用和修改的频率越高，这部分代码中技术债的利息就越高。而产品的外围代码、很少被读取或修改的代码，即使背负着大量技术债，也不会对整体开发速度产生太大的影响。

卓有成效的工程师不会盲目地偿还任何情况下的技术债，而是将有限的时间花在偿还杠杆率最高的技术债上——用最少的时间，修复代码库中被调用得最频繁的代码。这些改进会对我们的工作产生最深远的影响。

本章要点

⊙ **建立代码审查文化**。代码审查有助于形成良好的编码实践范例。在代码审查和工具之间找到合适的平衡，以权衡代码质量和开发速度。

⊙ **设计良好的软件抽象以简化困难的问题**。好的抽象能一劳永逸地解决一个难题，并显著提高使用者的生产力。但是，如果在有关用例的信息不完整时尝试构建抽象，最终得到的抽象就会是笨拙且无法使用的。

⊙ **通过自动化测试提高代码质量**。一套单元测试和集成测试有助于减轻在修改脆弱代码时的担心。首先专注那些可以节省最多时间的自动化测试。

⊙ **管理技术债**。如果将所有资源都用于偿还技术债的利息，就没有足够的时间去创建新事物。要关注利息最多的技术债。

9

最小化运营负担

只需轻轻一点，就能将纳什维尔滤镜应用到原本平平无奇的 iPhone 照片上，将它变成一张风格独特的复古宝丽来照片。这就是 Instagram 的神奇之处，它是一款分享照片的移动应用程序，向人们承诺 "以快捷、美妙和有趣的方式与朋友及家人分享精彩的瞬间" [1]，它让数百万业余摄影师（包括我自己）摇身一变，成为崭露头角的艺术家。我可以关注朋友、名人，甚至是专业摄影师，用他们的作品填满我的 Instagram 订阅空间，激励我分享更多的照片。

Instagram 经历了神奇的发展历程。它于 2010 年 10 月 6 日通过苹果公司的 App Store 向公众发布。[2] 几小时内，Instagram 的应用程序就被下载超过 10,000 次，并且在接下来的几个月里用户数量激增。[3] 一年半后，当 Facebook 以超过 10 亿美元的价格收购该公司时，Instagram 的用户数已猛增至 4000 万。[4]

很少有移动应用程序能像 Instagram 这样快速增长。在如此短的时间内扩展产品以支持如此大的流量增长，对于任何团队来说都是极具挑战性的任务。然而，令人惊讶的是，Instagram 在 2012 年 4 月被收购时，只有 13 名员工。它的用户与员工的比例超过 300 万比 1，远远高于其他大多数公司。[5] 这足以证明这个小团队的每个成员是多么高效。

Instagram 的软件工程师是如何实现这一壮举的？他们的时间和资源有限，是什么高杠杆率原则使他们能够支持如此多的用户？为了找到问题的答案，我询问了 Instagram 的联合创始人兼首席技术官迈克·克里格。

克里格解释说，在 Instagram 的早期，团队由不超过 5 人的软件工程师组成。这种人员的稀缺性导致他们只能关注最重要的事。他们承担不起经常出错或需要持续维护的解决方案。他们学到的最宝贵的教训就是最大限度地减少运营负担。克里格就像一个小型消防队的队长：他明白每一个额外的功能和新系统都代表着一栋额外的建筑，团队需要对其进行维护——可能还需要灭火。开发成本并不会在产品发布时停止累积，事实上，这些成本正是从发布之时开始累积的。

维持系统正常运行，扩展功能以支持更多用户，修复出现的错误，将不断增长的企业知识传授给新入职的软件工程师，所有这些成本都会持续耗费团队的资源，即使在功能或系统发布之后也是如此。当团队规模较小的时候，最大限度地减轻这些负担是至关重要的。

遗憾的是，这些负担很难完全内化。即使是最聪明、最有才华的软件工程师也会对最热门的新技术着迷，并梦想着将它们融入下一个项目。他们会尝试尚未被广泛采用的新系统，或者一种很少有团队成员了解的新编程语言，又或者一些实验性的基础设施，而所有这些都没有考虑未来的维护成本。这些决策会对他们带来持续增加的时间成本，并降低他们的工程效率。

这就是最大限度减少运营负担如此重要的原因。运营系统或产品的经常性成本消耗时间和精力，而这些时间和精力可以投入到杠杆率更高的活动上。你每天或每周花多少时间来维护系统和修复错误，而不是构建新事物？你发现自己有多少次被运营和产品问题打断，只好切换上下文去解决这些问题，而不是在当前优先级最高的任务上取得进展？减少经常性成本消耗的时间，可以使我们专注于最重要的事情。

只要有可能，Instagram 团队就会选择经过验证的可靠技术，而不是诱人的新技术。"你添加的每一项额外的技术，"克里格警告说，"从数学的角度来看，日后肯定会出问题，并且在某个时候，它会消耗掉整个团队的运营成本。"因此，当许多初创团队采用流行的 NoSQL 存储数据，然后艰难地管理和操作它们时，Instagram 团队坚持使用 PostgreSQL、Memcached 和 Redis[6, 7] 等久经考验的可靠数据库，它们稳定、易于管理、简单易懂。他们避免重新造轮子和编写不必要的需要维护的定制软件。这些决定使这个小团队更容易运营和扩展他们的热门应用程序。

在本章中，我们将研究最小化运营负担的策略；分析 Instagram 的核心理念——从简单的事情入手——然后从中学习到为什么应该采用极简式运营；展示如何构建快速试错系统，以及如何使其更容易维护；阐述将重复性机械任务持续自动化的重要性；讨论幂等的自动化任务如何降低高频的重复性成本；最后，我们将介绍为什么应该练习和培养快速复盘的能力。

拥抱运营的简单性

卓有成效的工程师专注于简单性。简单的解决方案可以降低运营负担，因为它们更易于理解、维护和修改。在 Instagram，简单性是团队能够扩展的关键原则。"软件工程的核心原则之一就是从简单的事情入手，"克里格解释说，"我们将其应用于产品，应用于招聘，应用于软件工程。我们甚至制作海报来宣传这个原则。"在审查彼此的设计时，团队会问："这是最简单的设计吗？"或者"为你正在开发的这个功能创建一个全新的系统是最简单的方法吗？"如果答案是否定的，团队就会重新考虑他们的方法。

随着产品的演进，软件的复杂性往往也会随之增长。新功能可能需要工程师构建新的系统才能实现；对于增长的流量，可能需要额外的基础设施来扩展产品，才能保证访问的速度和服务质量；新的开源架构或编程语言可能会承诺诱人的好处，吸引工程师尝试用它们解决所面临的问题；或者，工程师可能决定使用非标准工具链构建新功能，因为它的性能或功能比团队其他成员使用的工具链稍好一些。额外的复杂性似乎是不可避免的麻烦——但很多时候，事实并非如此。

当被问及从设计 iPod 的过程中学到了什么时，史蒂夫·乔布斯回答："当你刚开始试图解决一个问题时，你最先找到的解决方案是非常复杂的，而大多数人都止步于此。但如果继续找下去，直面问题并层层剥离，你通常可以获得一些非常精致且简单的解决方案。然而大多数人没有投入时间或精力做到这一步。"[8]

从一开始，"简单"就是 Instagram 的价值和特征。当克里格和他的联合创始人凯文·斯特罗姆（Kevin Systrom）刚开始创业时，他们开发的是一款名为 Burbn 的基于地理位置的社交网络应用程序。与 Foursquare 和 Gowalla 等在这个拥挤的赛道上创业的其他初创公司一样，只要用户在某个地点签到、与朋友闲逛、上传照片，Burbn 就会给他们奖励积分。克里格和斯特罗姆花了一年多的时间构建这个苹果手机上的应用程序，然后认为它过于复杂了。"我们实际上已经完成

了 Burbn 的 iPhone 应用的全部开发，但它让人感觉杂乱无章，功能
过多"，斯特罗姆写道。因此，他们俩去掉了 Burbn 的所有复杂性，
专注于用户最热衷的一项活动：分享照片。"决定从头开始真的很难，
但我们……基本上砍掉了 Burbn 应用程序中的所有内容，除了照片、
评论和'点赞'功能，"斯特罗姆继续写道，"剩下的就是 Instagram。" 9

如果工程团队一开始没有专注于从简单的事情入手，他们要么会
变得越来越低效，因为精力都花在了成本高昂的维护工作上；要么就
会因为运营负担过重而不得不简化他们的架构。事实上，Pinterest 的
工程团队在早期就犯了同样的错误。Pinterest 是一个很受欢迎的在线
钉板（pinboard），用户可以在它上面收集和整理网络上的内容。在两
年的时间里，Pinterest 每月的页面浏览量从 0 迅速增长到 100 亿。在
题为 "Scaling Pinterest"（扩展 Pinterest）的演讲中，软件工程师亚什
万斯·内拉帕蒂（Yashwanth Nelapati）和马蒂·韦纳（Marty Weiner）
描述了团队最初是如何将越来越多的复杂性引入基础设施中，以解决
遇到的伸缩性问题的 10。他们的数据库和缓存层一度混合使用了 7 种
不同的技术：MySQL、Cassandra、Membase、Memcached、Redis、
Elastic Search 和 MongoDB。11 这比他们的小型工程团队（当时仅 3
人）能够处理的技术栈要复杂得多。

架构过于复杂，会在以下几个方面增加维护成本：

- **工程知识分散在多个系统中**。每个系统都有自己的特点和故障
  模式，必须发现、理解和掌握它们。系统越复杂，这个过程所
  需的时间就越长。

- **复杂性的增加引入了更多潜在的单点故障**。系统架构的范围太
  大，再加上工程资源太少，意味着很难确保任何给定的模块至
  少有两个人了解。如果唯一熟悉某个关键组件的人生病或休

假，会出现什么情况？

- **新入职的软件工程师在学习和理解新系统时，面临着更为陡峭的学习曲线。**由于每个软件工程师都必须拥有更大的知识体系才能提高效率，因此上手的时间也会增加。相比之下，拥有较少的可重用抽象和工具集的架构更容易学习。

- **为改进抽象、库和工具所做的努力会在不同的系统中被稀释。**如果将工程资源集中在一起，并专注于较小的一组构建块，那么任何系统都得不到很好的支持。

当系统复杂性的增长速度超过工程团队的维护能力时，团队的生产力和进度就会受到影响。越来越多的时间被用于维护系统和研究其工作原理；而用于寻找新方法创造价值的时间却越来越少。

最终，Pinterest 团队意识到他们需要简化架构以减轻运营负担。他们很不容易才明白，设计良好的架构是通过添加更多相同类型的组件而不是通过引入更复杂的系统来支持业务的增长的。到 2012 年 1 月，他们已将数据和缓存架构大幅简化为仅使用 MySQL、Memcached、Redis 和 Solr。从那时起，仅仅扩大每个服务中的机器数量而不是引入任何新的服务，他们的业务就增长了 4 倍多。[12]

Instagram 和 Pinterest 的案例表明，专注于简单性的原则能带来很高的杠杆率。这个经验适用于各种场景：

- 在原型或实验项目中试用一种新的编程语言是可行的，但在新的生产环境中使用该语言之前要三思。其他团队成员是否有使用它的经验？它容易掌握吗？会不会很难招到精通它的人？

- 新数据存储系统的支持者承诺，他们的系统可以解决 MySQL 和 PostgreSQL 等"久经考验"的关系型数据库的问题。但在生产环境中使用这些新的存储系统之前，请先做好研究。了解其他团队是否已经成功地将它们用于类似的项目，以及是否真的能够以比更标准的解决方案更低的运营负担来维护和扩展它们。

- 在解决新问题时，请考虑重新利用现有抽象或工具是否比开发自定义解决方案更简单。人们常说，"为工作使用合适的工具"——但这也会增加组件的数量。需要注意的是，组件增加而导致的复杂性，往往超过了标准化实现的简单性所带来的益处。

- 如果你要处理大量的数据，请考虑数据量是否真的大到需要使用分布式集群，还是说只要一台强大的机器就足够了。集群比单机更难管理和调试。

请记住，从简单的事情入手。经常问自己："什么解决方案最简单——既可以完成工作，又能减轻我们未来的运营负担？"这样有助于重新审视复杂性的来源，以及寻找机会削减它们。

构建可以快速试错的系统

许多软件工程师将系统的健壮性和可靠性联想为不会崩溃。他们花费精力添加一些变通方法来自动处理软件错误，使程序可以继续运行。这些变通方法可能包括将配置错误的参数改为默认值，添加万能的异常处理程序来应对意外问题，以及处理意外的返回值。

这些处理方法会导致软件缓慢失败。软件可能会在出错后继续运行，但这样通常会掩盖后续出现的更难解决的错误。假设我们在网络服务器中引入一条规则：如果它读入一个拼写错误的 `max_database_connections`[①]配置参数，就将这个参数默认设置为 5。程序可能会照常启动和运行，但是一旦部署到生产环境中，我们就会到处查找，试图了解数据库查询比平时慢的原因。或者假设应用程序在将用户状态保存到数据结构或数据库中时失败，却"一声不吭"，这样它就可以继续运行更长时间。等到后来它没有按照预期读取数据，此时可能距离一开始的保存用户状态失败太过遥远，以至于很难查明根本原因。或者假设一个处理日志的分析程序遇到损坏的数据就默认跳过，以便继续生成报告。但几天后，当客户抱怨他们的数据不一致时，我们就得绞尽脑汁地寻找原因。

缓慢失败的系统混淆了代码错误的来源，使我们很难发现哪里出了问题。正如在第 4 章中讨论的，调试是软件开发中不可或缺的一部分。bug 的出现和软件配置错误都是不可避免的，我们需要花时间重现问题并查明其来源。我们越能直接将反馈与来源联系起来，就越能快速重现问题并解决。

缩短反馈循环的一个有价值的技巧是让软件快速试错。吉姆·肖尔（Jim Shore）在 IEEE *Software* 上发表的论文《快速试错》（*Fail Fast*）中解释了这项技术："在一个快速试错的系统中……，当问题发生时，它会立即且明显地显示错误。快速试错是一种反直觉的技术，'立即且明显地显示错误'听起来会让你的软件更脆弱，但实际上会让它更健壮。越容易被发现和修复，进入生产环境的 bug 就越少。"[13] 通过快速试错，我们可以更快、更有效地发现并解决问题。

快速试错的例子包括：

- 应用程序在启动时遇到配置错误就崩溃。

---

① 译注：意为最大数据库连接数量。

- 验证软件的输入，特别是在这些输入很久以后才被使用的情况下。

- 遇到来自外部服务的、不知道如何处理的错误时，报告它，而不是默默跳过它。

- 当对数据结构（如集合）的某些修改会导致依赖它的数据结构（如迭代器）不可用时，尽快抛出异常。

- 如果关键数据结构被损坏，则抛出异常，而不是将这种破坏进一步扩散到系统的其他地方。

- 在复杂的逻辑流之前或之后保持对关键常量的断言，并附加足够多描述性的失败信息。

出现任何无效或不一致的程序状态时，尽早通知软件工程师。

系统越复杂，快速试错可以节省的时间就越多。我的团队曾经在一个网络应用程序中遇到过一个令人讨厌的数据损坏 bug：从数据存储中读取数据时，程序通常能正常工作，但每天会有几次返回完全不相关的数据。代码会请求一种类型的数据，并返回另一种类型的数据，或者请求单个值但返回的是完全不同类型的对象列表。我们对所有可能出现问题的地方都产生了怀疑，从应用程序级缓存层中的数据损坏，到开源缓存服务本身的 bug，再到相互覆盖数据的线程。多名团队成员花了一个多星期才解决了这个问题。

结果发现，当网络请求超时时，该应用程序没有正确重置 MySQL 共享连接池的连接。当下一个对此毫不知情的网络请求进来并重用相同的连接时，新的查询得到的就是上一个超时请求的响应。错误的响应会在整个缓存层中传播。由于该应用程序在那个星期承受了比平时更大的负载，因此这个潜在的 bug 比平时更频繁地出现。如果在超时的时候就终止连接，或者在网络请求开始时断言连接是正常的，以便能快速试错，就可以使团队免受许多的痛苦折磨。

还有一次，我正在使用 Memcached，这是一个高性能的分布式内存缓存系统。许多网络公司的工程团队把从数据库中检索到的值缓存在 Memcached 中，以提高读取性能并减少数据库的负载。Memcached 本质上就像一个大哈希表，客户端编写键值对，然后通过键非常快速地检索数据。客户端还可以在某个键上指定过期时间，使数据过期以释放内存。

为了减少数据库的负载，我决定延长某个键的过期时间（从 10 天增加到 40 天），它缓存了某些昂贵的数据库查询结果。但是，将这个变更部署到生产环境后，数据库的警报被拉响：数据库的负载激增，甚至比以前更高。我迅速还原了设置，想办法了解延长过期时间为什么会增加负载。经过大量调查，结果发现 Memcached 的过期时间是以秒为单位的，但最长只有 30 天。任何大于 30 天（2,592,000 秒）的数字都被解释为 UNIX 时间戳。Memcached 将我设置的 40 天的过期时间视为自 1970 年 1 月 1 日以来的时间戳[14]，尽管这没有什么意义。结果，缓存中的数据在设置后会立即过期，就好像它们根本没有被缓存一样。如果 Memcached 的接口快速试错并返回一个更合理的错误消息，而不是直接使用我的无效输入；或者如果这个接口更直观，那么我在开发过程中就很容易发现这个错误，并且永远不会将其部署到生产环境。这两种快速试错的情况都能使错误更容易被检测出来，有助于减少生产环境发生问题的频率和问题持续的时间。

快速试错并不一定意味着要让客户端崩溃。你可以采用一种混合的方法：使用快速试错技术立即发现问题，并尽可能地接近实际的错误来源，然后使用全局异常处理程序捕获它们，再将错误报告给软件工程师，同时让客户端坦然地失败。比如，假设你正在处理一个复杂的网络应用程序，其中渲染引擎在一个页面上生成数百个组件。如果遇到错误,每个组件都可能很快失败,但是全局异常处理程序可以捕获异常并记录它,而不呈现那个特定组件,让客户端更从容地失败。或者,全局异常处理程序可以显示一条通知,请求用户重新加载页面。更重要的是,你可以构建自动化管道来汇总记录的错误,并在仪表盘中按频率对其排序,使软件工程师可以根据重要性进行处理。与组件简单地忽略错误并照常运行相比,快速试错能让我们捕获特定的错误。

构建快速试错的系统是一项杠杆率非常高的活动,因为可以更快、更直接地暴露出问题,所以它能够帮助我们减少花在维护和调试软件上的时间。

持续推进机械任务自动化

新产品和新功能的发布都会带来流量冲击。然而,每一次发布通常还会带来一个让人提心吊胆却又必不可少的任务——响应系统告警,这是我在整个软件工程师生涯中非常熟悉的一项工作。总得有人确保一切正常运转。在响应期间,随叫随到的软件工程师轮流充当一切生产环境问题的第一道防线。随叫随到意味着旅行时也必须随身携带笔记本电脑和无线数据卡,这样无论身在何处,只要接到告警,就可以快速上网。它编制了一份无法预测的时间表:你可能随时会被叫走,有时是去解决需要高度关注的、时间紧迫的宕机问题,但有时则是处理一些琐碎的问题。尤其令人沮丧的是,你在凌晨 3 点被叫醒,发现只需要执行 5 条命令就可以解决问题,而执行这些命令本应该是机器就可以完成的工作。然而,第二天我们也没时间为昨晚的故障设计一个长期的解决方案,特别是在截止日期的重压之下,我们还是非常轻易地将精力投入到推进其他工作上了。

时间是最宝贵的资源。坚持不懈地推进自动化，以减少那些完全可以避免的情况（比如凌晨 3 点被电话叫醒），这是一种高杠杆率的工作方式，可以使我们腾出时间和精力，专注于其他更有价值的活动。采用一个临时的人工解决方案可能要比创建自动化解决方案花的时间更少，但从长远来看，自动化解决方案和编写执行重复性任务的脚本可以减轻我们的运营负担，为我们扩大成效提供了强有力的方法。

在决定是否自动化时，软件工程师必须判断：人工执行特定任务与投入一些前期成本将流程自动化相比，哪一个能节省更多时间？当所需的人工劳动成本显然较高时，做出实施自动化的决定似乎很简单。遗憾的是，世事很少是非黑即白的。软件工程师将工作自动化的频率低于应有的频率，原因如下：

- **当前没有时间**。即将到来的截止日期和管理上的压力常常促使他们牺牲自动化带来的长期利益，去换取更快交付产品的短期利益。及时发布产品在当前可能非常重要，但不断推迟自动化最终会削弱工程生产力。

- **受到公地悲剧的影响**，在这种情况下，个人根据自身利益理性行事，但与群体的最佳长期利益背道而驰。[15] 当手动作业分散在多个软件工程师和团队中时，就会降低软件工程师个人花时间实现自动化的动力。例如，这种情况经常发生在每周响应系统告警的任务中。随着团队规模的扩大，每个人响应系统告警的频率越来越低，因此会促使大家采用快速手动修复的方式，这种修复方式的持续时间刚好足以将责任推给下一位待命的软件工程师。

- **不熟悉自动化工具**。许多类型的自动化依赖于运维工程师所不

熟悉的系统技能。他们需要花时间去学习如何快速连接命令行
脚本、组合 UNIX 原语以及将不同的服务组合在一起。然而，
与大多数技能一样，自动化也是熟能生巧的。

- **低估了未来处理机械性任务的频率**。即使你现在认为可能只需
  要手动执行一次任务，但需求有时也会发生变化，而且人也会
  犯错。更新一个脚本程序相当简单，但一遍又一遍地手动重做
  整个任务是非常耗时的。

- **对自动化机械性任务后长期所能节省的时间没有概念**。每项任
  务节省 10 s 似乎没什么大不了，即使它每天发生 10 次。但一
  年下来，几乎可以省出整整一个工作日。

每当你执行原本机器可以完成的任务时，问问自己是否值得将其
自动化。如果一个聪明的小技巧就可以解决问题，那就不要因为你愿
意努力工作、希望锻炼手工技能而在一个问题上浪费数小时。以下任
务都可以自动化：

- 验证一段代码、一个交互或一个系统的行为是否符合预期。
- 提取、转换和汇总数据。
- 检测错误率的峰值。
- 在新机器上构建和部署软件。
- 捕获和恢复数据库快照。
- 定期运行批量计算。
- 重新启动网络服务。
- 检查代码以确保其符合风格指南。
- 训练机器学习模型。

- 管理用户账户或用户数据。
- 向一组服务中添加或删除服务器。

自动化（包括学习如何自动化）的成本最初可能高于手动完成工作的成本。但是，如果这种经验提高了将来实现自动化的效率，那么随着我们使用自动化解决的问题越来越多，这种技能最终将产生复利效应并带来更多的回报。

自动化某些特定的任务是否比自动化其他任务更有意义？鲍比·约翰逊是 Facebook 负责管理基础设施团队的前工程总监，他对这个问题提出了宝贵的见解。Facebook 运行着世界上最大的 MySQL 数据库集群之一，在多个数据中心拥有数千台服务器。每个 Facebook 用户的个人资料被存放在称为分片（shard）的成千上万个分区中的一个上。每台数据库服务器都包含多个分片。如果某台服务器出现故障（一天内可能有几十个或几百台服务器出现故障）或者一个分片变得太大，就需要把一个或多个分片重新分配到另一台数据库服务器上。[16]

鉴于 MySQL 配置的复杂性，我们可以想象 Facebook 一定在早期就构建了自动处理 MySQL 故障转移和负载均衡的系统。但根据约翰逊的说法，情况并非如此。"在一个行业会议上，所有人都在跟我谈论他们如何在 MySQL 上神奇地实现故障转移和负载均衡这样疯狂的事情，"约翰逊继续解释说，"实际上，我们仍然还有一名员工在做这项工作。"在那些只管理了 20 台服务器的公司里，工程师正在编写脚本，试图让系统在出现问题时自动修复和纠正。但在 Facebook，一名工程师正在对他们庞大的数据库集群进行手动负载均衡。

这并不意味着自动化不重要，如果没有自动化工具，一个人是不可能管理成千上万台机器的。然而，约翰逊区分了两种类型的自动化：机械自动化和决策自动化。一系列步骤的机械自动化往往是直接的和可测试的。而要自动做出正确的决策，特别是构建出现问题时能够自我修复的系统，则更具挑战性。"当你构建这些系统时，它们往往会失控，"约翰逊补充道，"我们经历过的许多最严重的故障都是因为这些自动化系统失控造成的。它们很少有机会得到良好的测试，因为根据定义，它们仅在发生异常状况时才运行。"

例如，一个简单的负载均衡器的自动化规则是：将发往故障服务器的流量路由到同组的其他服务器。这个策略在一台服务器出现故障时非常有效，但如果有一半服务器都出现故障会怎样？按照该策略，要将所有发往这些故障服务器的流量路由到另一半服务器。如果这些服务器因为负载过大而宕机，那么这样的自动化最终会导致整个集群瘫痪。这样的结果比仅放弃一半的流量要糟糕得多。

因此，在相当长的一段时间里，为了平衡 Facebook 的数据库分片，需要有一名软件工程师执行一个脚本来寻找过载最严重的机器，然后执行另一个脚本，从这些机器上移走一些分片。将分片从一个数据库移动到另一个数据库的过程是高度自动化的，但是将数千个分片中的哪一片移动到哪里则是由人来决定的。Facebook 还需要很多年的时间才能到达这个阶段——实现决策自动化。最终他们部署了一个名为 MySQL Pool Scanner 的系统来自动重新平衡分片。

从机械自动化转向决策自动化后，自动化所能产生的回报会递减。鉴于我们的时间有限，首先应当关注机械自动化。将由 12 条命令组成的复杂链路简化为一个脚本，可以明确地执行我们想要的操作。只有当这些容易达成的目标都实现之后，才应该去尝试解决智能决策自动化这个更难的问题。

让批处理进程幂等

随着自动化的操作增加，我们的时间杠杆率会增加，但一些自动化操作失败的可能性也会增加。脚本会在无人干预的情况下，定期地执行我们所指定的一系列有序操作（也称为批处理进程），它可能会遇到网络超时或意外中断。随着数据分析成为越来越多业务的关键，处理大数据的脚本越来越常见，它们在大部分时间都可以顺利运行，但运行失败后需要很长时间来重试或恢复。如果不够仔细，维护自动化任务所需的时间就会增加。因此，将这一负担降至最低是一项高杠杆率的活动。

使批处理进程更易于维护和更健壮的一种方式是使它们幂等。无论是运行一次还是多次，一个幂等的进程都会产生相同的结果。因此，我们可以根据需要经常重试它们，而不会产生意外的副作用。例如，假设我们在处理当天的应用程序日志，以更新不同用户操作的每周数据库计数。非幂等的方法可能会遍历每一行日志并增加计数器的值。但是，如果脚本崩溃，需要重新运行，我们可能会无意中将某些计数器的值增加两次，而其他计数器的值增加一次。更健壮的、幂等的方法是跟踪每个用户每天的操作数，通过读取日志来计算当天的计数值，只有在计算成功之后，才会对那一周的每日计数求和来得出每周的总数。在幂等的方式下重试失败的进程，只会覆盖每日计数器的值并重新计算得出每周总数，因此不会重复计数。如果数据太多，一天的计数值可以这样从单独的小时计数器中得出。

如果幂等不可行，构造批处理进程时，使其至少是可重试或可重入的，这样仍然会有所帮助。可重试或可重入的进程能够在前一次中断之后成功执行。不可重入的进程通常会对某些全局状态产生副作用，阻止它在重试时成功执行。例如，一个失败的进程可能仍然持有全局锁或已经发出了部分输出；通过设计，让进程知道如何处理这些不一致的状态，可以减少以后的手动工作量。让每个进程要么完全失败，要么完全成功。

幂等性还提供了另一个许多卓有成效的工程师都在利用的好处：能够以比实际需要更高的频率运行不经常出现的进程，以便更早暴露问题。假设我们有一个每月运行一次的脚本。或许它会生成月度分析报告，生成新的搜索索引，或者归档旧的用户数据。一个月内会发生很多变化，最初关于数据大小、代码库或架构的有效假设可能不再成立。如果这些错误的假设破坏了脚本，可能会导致每个月都要在极端的时间压力下争分夺秒地排查故障。幂等脚本实现了一项强大技术，那就是通过每天或每周安排试运行，将不常见的工作流程转换为更常见的工作流程，这样一来，当出现问题时就可以获得更快的反馈。如果在月中试运行失败，仍然有足够的时间找出问题的原因；此外，调查问题的原因时，查找的范围也缩小了很多。拉吉夫·埃兰基（Rajiv Eranki）曾是 Dropbox 的软件工程师，负责扩展基础设施，使其支持的用户数从 4000 增至 4000 万，他甚至建议定期运行仅用于手动执行的脚本（比如修复用户状态或运行诊断的脚本）以检测错误。[17]

更频繁地运行批处理进程还可以让我们透明地处理各种故障。每 5 到 10 分钟运行一次的系统检查可能会引发假警报，因为临时的网络故障会导致检查失败，但是每 60 秒运行一次检查并且仅在连续失败时才引发警报，就会显著降低误报的可能性。许多临时故障可能会在 1 分钟内自行解决，减少了人工干预的需要。

幂等性和可重入性可以降低维护自动化和批处理进程所涉及的复杂性和经常性成本。它们使自动化变得更便宜，让我们可以腾出手来处理其他事情。

提升快速响应及恢复的能力

奈飞公司的软件工程师做了一些违反直觉的事情：他们构建了一个名为 Chaos Monkey 的系统，它会随机终止自己基础设施中的服务。[18] 他们不是花精力维持服务正常运行，而是主动地对自己的系统造成破坏。事实证明，这种策略实际上使他们的基础设施更加健壮，并减少了响应系统告警的痛苦。通过将 Chaos Monkey 配置为在工作日的正常工作时间终止服务，软件工程师就可以在工作时间内坐在办公室里发现架构的弱点，而不必在周末或深夜处理意料之外和突如其来的紧急情况。正如他们在博客中指出的那样，"应对重大意外故障的最佳防御是经常发生故障。"[19] 当奈飞的云服务所依赖的 AWS 遭遇重大中断时，奈飞的服务几乎没有中断——而 Airbnb、Reddit、Foursquare、Hootsuite 和 Quora 等其他公司则发生了数小时的停机。[20]

奈飞的做法展示了一种降低运营负担的强大策略：培养快速恢复的能力。无论做什么事情，总会有出错的时候。如果我们构建的是一个依赖于网络的产品，那么停机就是不可避免的；如果构建的是桌面软件，那么里面肯定会有一些未被发现的 bug 被发布给了用户；即使我们做的是提交代码这样简单的事情，偶尔也会破坏构建套件或测试套件，无论操作时有多么小心。关注系统正常运行的时间和质量是很重要，但如果我们列举出可能的故障模式或已知的错误，就会发现我们的时间投资所产生的回报越来越少。无论我们多么谨慎，意外的故障总是会发生。

因此，处理故障的方式对我们的工作成效起着非常重要的作用。在某些时候，将时间和精力集中在系统的快速恢复能力上，而不是从一开始就预防故障发生，会有更高的杠杆率。从故障中快速恢复的工具和流程越好用，使用它们的次数越多，我们就越有信心，压力就会越小。这使我们能更快地前进。

然而，即使故障的成本可能非常高，我们通常也没有投入足够的资源来制订应对各种故障场景的策略。要准确地模拟故障是很困难的，而且由于它们很少发生，与解决更紧迫的产品问题相比，更好地处理故障所带来的回报似乎更低。因此，用来处理服务器故障、数据库故障转移和其他故障模式的系统恢复流程往往是不够的。当我们遇到问题，确实需要这些流程时，只能在最急迫的情况下试图找出问题的原因，最终的效果往往都不太理想。

旧金山 49 人队①的前教练比尔·沃尔什（Bill Walsh）提出了一种解决这种不平衡的策略。在 *The Score Takes Care of Itself: My Philosophy of Leadership* 一书中，沃尔什讨论了一种名为"成功脚本"的策略。[21] 他为如何应对各种类型的比赛场景编写了脚本或应急计划。如果球队在第一节落后两个或两个以上触地得分，该怎么办；如果关键球员受伤，该怎么办；如果球队还剩 25 码，还有一场比赛，还需要一个触地得分，该怎么办——对所有这些情况，沃尔什都做好了相应的计划。他意识到，在比赛的关键时刻，自己很难保持头脑清醒并做出正确的决定，尤其是当成千上万的球迷在呐喊，嘲笑者向你扔热狗和啤酒杯，计时器在仅剩的、宝贵的几秒钟里滴答作响的时候。脚本可以让决策过程远离比赛中令人分心的紧张情绪。事实上，49 人队每一场比赛的前 20 到 25 个回合最终都被写为脚本：采用"如果……就……"规则树的形式，描述了球队在不同场景下应当如何应对。凭借这样的"成功脚本"，沃尔什带领 49 人队取得了 3 次"超级碗"的胜利，并两次被评为美国国家橄榄球联盟（NFL）年度最佳教练。[22]

---

① 译注：这是一支位于美国加利福尼亚州旧金山市的美式橄榄球球队，也称为旧金山淘金者队。

像沃尔什一样，我们也可以编写成功脚本，将决策过程从高风险和高压力的场景转移到更可控的环境中。我们可以降低被情绪影响判断以及被时间压力加重心理负担的频率。作为软件工程师，我们甚至可以对自己的反应编程，把它们写成脚本，并进行测试以确保它们的健壮性。随着软件工程组织的发展，任何可能出现故障的基础设施都必将出现故障，认识这一点尤为重要。

与奈飞一样，其他公司也采用了模拟故障和灾难的策略，为应对意外情况做好准备：

- 谷歌每年都会举办为期数天的灾难恢复测试（DiRT）演习。他们模拟地震或飓风等灾难环境，切断整个数据中心和办公室的电源，然后验证团队、通信和关键系统是否能继续工作。演习的内容涉及单点故障、不可靠的故障转移、过时的应急计划和其他意外的错误，使得团队可以在受控环境中处理这些问题。[23]

- 在 Dropbox，工程团队经常为他们的生产系统模拟额外的负载。这样做使他们能够更早地人为触发问题；在到达会导致错误的系统上限后，他们会禁用模拟负载并有足够的时间来调查问题。这比面对无法切断的实际流量解决同样的问题，压力要小得多。[24]

奈飞、谷歌和 Dropbox 都假设意外和不希望发生的事情总会发生。他们对故障场景进行演习，就是为了增强快速恢复的能力。他们认为，最好是在一切相安无事的时候，主动地为这些场景制订计划和脚本，而不是在无法控制的情况下仓促寻求解决方案。虽然我们的工作和责任范围不一定与这些公司的软件工程师相同，但对我们来说，为可能经历的任何故障场景做好准备同样重要。提出"如果……怎么办……"的问题，并制订处理不同情况的应急计划：

- 如果一个重大的 bug 作为版本的一部分被部署了怎么办？我们能以多快的速度回滚或修复 bug，能缩短这个时间窗口吗？
- 如果数据库服务器出现故障怎么办？如何将故障转移到另一台机器，并恢复丢失的数据？
- 如果服务器超载了怎么办？如何纵向扩展以处理增加的流量，或减少负载以便至少对某些请求做出正确的响应？
- 如果我们的测试或准测试环境被破坏了怎么办？怎样才能创建出一个新的环境？
- 如果客户报告一个紧急问题怎么办？客户支持部通知工程部需要多长时间？后者需要多长时间来跟进修复？

对故障场景进行演习，以便能够快速恢复，这种方法通常也适用于软件工程的其他方面：

- 如果经理或其他利益相关者在不常召开的评审会议上对产品计划提出反对意见怎么办？他们会问什么问题，我们应该如何回应？
- 如果某个关键的团队成员生病、受伤或者离职怎么办？我们如何分享知识，使团队继续运作？
- 如果用户对一个有争议的新功能表示反感怎么办？我们的立场是什么？我们能多快做出反应？
- 如果一个项目错过了承诺的截止日期怎么办？我们该如何及早预测进度延迟、恢复进度和应对延期？

就像服务器停机一样，要防止这些故障模式确实很难，有时甚至是不可能的。我们能做的最好的事情就是编写"成功脚本"，进行故障演练，并努力提高快速恢复的能力。

本章中的所有策略都侧重于最大限度地减少花在运营和维护软件上的时间和精力。Instagram 的成功发展及壮大，部分原因是该团队没有将所有时间都花在维护应用程序的正常运行上。最小化运营负担，也意味着我们可以更有意义地使用时间，全力提升我们的影响力。

本章要点

- ⊙ **从简单的事情入手。**系统越简单，就越容易理解、扩展和维护。

- ⊙ **快速试错以查明错误的来源。**不要掩盖错误，不要将故障推迟到以后才发生，否则会使程序更难调试。

- ⊙ **机械任务自动化，而非决策自动化。**积极将手动任务自动化执行以节省时间。同时，在尝试决策自动化之前要三思而后行，因为往往很难保证决策的正确性。

- ⊙ **实现幂等性和可重入性。**在发生故障时，这些特性使你更容易重试操作。

- ⊙ **为故障制订预案，并进行演习。**建立对系统恢复能力的信心，我们就可以更大胆地前进。

10

为团队成长投资

"浮沉由己。"这并不是我的新任首席技术官肖恩·克纳普（Sean Knapp）在我成长过程中对我说的最鼓舞人心的话，但它确实为我在Ooyala的入职经历定下了基调，那是我第一次创业。没有救生圈——我最好尽快想办法生存下来。

克纳普和他的另外两位联合创始人将他们的大部分谷歌精神带到了Ooyala。他们憧憬使用卓越的技术颠覆在线视频领域，就像谷歌颠覆在线搜索和广告领域一样。绿色、黄色、红色和蓝色——谷歌的传统颜色——在整个开放式办公室布局中随处可见，让来访者感觉Ooyala实际上可能是谷歌的一个分支机构。但几位创始人也带来了一种我在谷歌悠闲的文化中从未见过的、"灌红牛"式的工作强度，在谷歌的环境中，我并没有体验过多少截止日期很快就要到来的压力或恐慌。

我在Ooyala的第一个任务是构建并推出一项已经承诺的功能：允许视频发布者安排他们的在线视频的播出时间。[1] 我有两个星期的时间。第一天，我发现自己在一个混乱的代码库中艰难跋涉，到处都是团队在构建一个可用产品的冲刺中积累下来的技术债——并且没有任何文档或单元测试。大部分代码也是用一种我不熟悉的、类似 Java 的 ActionScript 语言编写的。在开始构建该功能之前，我需要学习 ActionScript，适应 Ruby on Rails，并熟悉 Flash 视频和图形库。我的眼睛紧盯着显示器，阅读满是 qqq 这样含义模糊的变量名以及 load2 和 load3 这样令人心生疑窦的函数名的代码。

这个"浮沉由己"的入职培训是我职业生涯中最紧张、最可怕的经历之一。经历了令人崩溃的两周，每周工作 80 小时，我如期发布了我的第一个功能。那段时间我一直在想，离开谷歌的舒适环境，加入初创公司到底是不是一个正确的选择。最终，我适应了新的环境，并且随着时间的推移，团队也逐渐摒弃未经测试、晦涩难懂的代码，夯实了代码基础。但是，就这样把我"扔进水里"给我带来了不必要的压力，而且我的时间和精力并没有被有效地利用。此外，在很长一段时间里，后来的新员工都不得不经历类似的情况。

我从 Ooyala 学到的最大的教训是，为员工提供积极、顺畅的入职体验是非常有价值的。当我加入 Quora 的 12 人团队时，这个教训再次被验证。新员工入职培训的内容安排不合理，它主要由随意和临时的讨论所组成。这两家公司都不反对建立更高质量的入职流程，但创建入职流程并没有被列为优先事项。我很希望能有更顺畅的入职流程，这种渴望促使我后来建立了 Quora 的入职培训计划。我们将在本章后面讨论这段经历。

对入职流程进行投资只是对团队成长投资的一种方式。到目前为止，本书的大部分内容都是关于个人如何更高效工作的。那么，为什么在一本关于如何成为卓有成效的工程师的书中，会出现有关团队建设的章节呢？这是因为与我们共事的人和团队对我们自己的效率有很大影响——而且，我们不必成为经理或高级软件工程师也可以影响团队的方向。对于某些人来说，培养团队可能不如开发软件那么有趣。但如果要提高效率，就必须认识到，建立强大的团队和积极的文化具有相当高的杠杆率。

对于软件工程师这个职业，你的级别越高，公司就越不会以个人贡献来衡量你的工作效率，而是以你对周围人的影响作为衡量标准。谷歌、Facebook 等公司对高级软件工程师、资深软件工程师、首席软件工程师、杰出软件工程师及其同级别职位都有类似的标准：级别越高，预期影响就越大。Etsy 产品开发和工程的前高级副总裁，现任Stripe 工程副总裁的马克·赫德伦对不同的职位做了简明的描述："如果你让整个团队变得更好，你就是一名高级软件工程师；如果让整个公司变得更好，你就是首席软件工程师；如果你推动整个行业进步，那么你就是杰出软件工程师。"[2] 在职业生涯的早期就开始思考如何帮助同事取得成功，将帮你养成正确的习惯，反过来又会帮助我们自己成功。

帮助他人成功之所以重要，还有另一个原因：你可以和他们一起进步。黄易山基于他在硅谷领导团队长达十年的经验，用一个思想实验论证了这一观点。"想象一下，你有一根魔杖，如果挥动这根魔杖，你就能让公司中的每个人在他们的工作中取得 120% 的成功。接下来会发生什么？"黄易山自己回答了这个问题，"如果每个人都把自己的工作做到极致，公司可能会取得巨大的成功，即使你什么都不做，也会被周围人的成功浪潮所吞没。"[3] 黄易山坚信，事业成功的秘诀是"集中精力让周围的每个人都成功"。

他不是唯一给出这种建议的人。安迪·拉克利夫（Andy Rachleff）是风险投资公司标杆资本（Benchmark Capital）的联合创始人，这家公司投资了 250 多家公司，管理着近 30 亿美元的资金。拉克利夫在公司发展方面积累了数十年的经验。[4] 他在斯坦福大学的课堂上告诉学生："如果你是成功公司中的一员，你得到的认可会比你应得的要多；但如果你是失败企业中的一员，你得到的认可会比应得的要少。"[5]这个信息非常明确：个人的事业成功很大程度上取决于其公司和团队的成功，而公司或团队的成功不仅仅取决于个人的贡献。如果周围的人支持你而不是反对你，你会取得更多成就，而你可以通过帮助他们成功来实现这一点。

本章将介绍在团队成长的不同阶段进行投资的技巧。首先介绍为什么强大的技术公司都将招聘列为头等大事，以及我们在招聘过程中应该发挥什么作用。我们将讨论为什么为团队的新成员设计好的入职流程是一项高杠杆率的活动，以及具体如何去做。我们将探讨在组建团队后，共享代码所有权如何使团队更强大；并研究如何利用事后复盘来汇聚集体智慧，带来长期价值。最后，我们将介绍如何建立优秀的工程师文化。

让招聘成为每个人的责任

面试新的工程师候选人可能会让人感到很麻烦。它影响了我们的工作效率，打乱了一天的工作安排，而且给候选人写反馈意见和向团队做汇报也很耗时。如果招聘渠道设置不当，面试会让人感觉像是与不合格的候选人一起参加了一场毫无计划的会议，还要忍受候选人无数个问题的轰炸。我们在结束面试时可能会觉得自己没能充分了解这些潜在的雇员。由于很难招到最优秀的人才，大多数面试实际上并不会发出录用通知。因此，个人面试可能不是特别好的时间投资。

只有从整体上看待面试时，我们才会意识到招聘是一项杠杆率极高的工作。公司越小——我们面试的人就越有可能成为自己的直接同事——这些面试的杠杆率就越高。当 Quora 的团队只有大约 30 人时，我曾连续 20 天每天面试一名软件工程师。在那个月里，我平均每天花两个小时与候选人交谈，写下反馈意见，并就是否录用他向团队汇报，实在是太累了。但是，即使这 40 小时仅让我们招到一名员工，那么他或她每年贡献的 2,000 多小时的工作产出也足以证明这个成本是合理的。而且，事实上，我们在那一批人中淘到了金子，最终雇用了 5 名全职软件工程师和 1 名实习生。

我并不是唯一一个认为招聘工作应该是重中之重的人。阿尔伯特·倪（Albert Ni）是广受欢迎的文件同步服务商 Dropbox 的前 10 位软件工程师之一，他也意识到，与从事"传统"的软件工程工作相比，组建一个优秀的团队可以获得更高的杠杆率。加入 Dropbox 后的最初几年，倪构建了原始的分析和支付代码。他热爱这份工作，但在 2011 年 10 月，当公司只有 30 名软件工程师时，他将工作重点转向了招聘。"我开始负责我们这里的软件工程师招聘，"倪告诉我，"当时我们真的很难招到人。"这个问题的一个关键是软件工程师根本没有在招聘上花足够的时间。没有标准化的面试，没有有组织的招聘流程，也没有正式的校园招聘。[6]

把主要精力放在招聘上而不是编写代码上，是很困难的。"如果我说自己当时非常兴奋，那是在撒谎，因为我真的很喜欢之前做的工作。"倪解释说。但他也知道，公司没有足够的工程师来完成团队想做的所有事情，因此改进招聘流程会产生巨大影响。他全身心投入到这项任务中，开始查看收到的所有简历，筛选所有的面试反馈，并参加对每个候选人的汇报会。他负责实际的面试安排，与候选人交谈以了解他们对招聘流程的看法。多年后，倪的工作得到了回报。慢慢地，面试变得更加规范，公司建立了一种文化：面试是每个人的责任。到 2014 年初，Dropbox 的工程团队已经发展到 150 多名成员，是倪刚开始专注于招聘时规模的 5 倍多。

如何设计一个有效的面试流程呢？一个好的面试流程可以达到两个目标。首先，它能筛选出可能会在团队中表现出色的人。其次，它会让候选人对团队、使命和文化充满期待。理想的情况是，即使候选人没有获得录用通知，他们仍然会对团队留下良好的印象，并且推荐他们的朋友来面试。因此，作为面试官，我们的主要手段之一就是让面试体验既严谨又有趣。

作为面试官，我们的目标是优化具有高信噪比的问题，这些问题每分钟都能揭示大量关于候选人的有用信息（信号），而几乎没有无关或无用的数据（噪声）。设计合理、处理恰当的问题让我们能够轻松区分不同能力的候选人；设计糟糕、处理不当的问题会让我们很难确定是否应当雇用这个候选人。

能够产生最多有效信号的面试问题类型取决于与团队成功最相关的素质。传统上，谷歌、微软、Facebook 和亚马逊等许多大型科技公司，都要求工程师候选人在白板上回答算法和编程问题。这些教科书式的问题可以评估候选人的计算机科学基础知识，但通常无法衡量他是否真的能在工作环境中完成工作。

越来越多的公司已经开始在面试过程中增加一些现场编程环节。例如，在 Quora，我们在笔记本电脑上进行一次实际的编程练习作为白板面试的补充。候选人用他们喜欢的文本编辑器中查询、调试和扩展一个大型开源代码库，并根据需要使用谷歌、Stack Overflow 或其他在线资源。这个练习揭示了一个人是否能够有效地使用终端，调用基本的 UNIX 命令，深入不熟悉的库，建立一个紧密的开发循环并编写整洁的代码——所有这些都是传统的白板面试无法很好捕捉到的有价值的信号。

支付领域的初创公司 Stripe，其团队同样设计了现场面试环节，以模拟软件工程师的日常工作。面试题包括设计和实现一个小型端到端系统、消除一个流行的开源代码库中的 bug、重构一个组织不当的应用程序以及在独立的项目上结对编程。[7] Ooyala 要求候选人实现和演示一个功能性的俄罗斯方块游戏，以测试他们在时间限制下管理项目及权衡不同技术选择的能力。Dropbox、Airbnb、优步、Square 和许多其他公司也在他们的面试中加入了现场编程甚至是带回家的编程练习。[8] 这些面试题确实需要更大的前期投资来设计和校准，但它们被越来越多地采用，表明许多团队发现这些投资所得到的回报是非常值得的。

有大量资料可以帮助我们设计面试问题。例如，盖尔·拉克曼·麦克道威尔（Gayle Laakmann McDowell）的著作《程序员面试金典》（*Cracking the Code Interview*）涵盖了一些大型科技公司的标准面试模式和问题。[9] 但请注意，我们的面试候选人也可以查阅这些题库。

也许比选择面试题更棘手的是如何不断迭代改进面试流程。根据我进行 500 多次面试的经验，以下是一些需要牢记的高杠杆率策略：

- 花时间与团队一起确定你们最关心潜在候选人的哪些能力：编码能力，对编程语言、算法和数据结构的精通程度，产品技能，调试能力，沟通技巧，文化适应性等。协调面试流程并确保考察所有关键能力。

- 定期开会讨论当前的招聘和面试流程的效果，是否找到了能在团队中取得成功的新员工。持续迭代，直到找到能准确评估团队所重视的技能和素质的方法。

- 设计具有多层难度的面试问题，通过添加或删除变量和限制条件来调整难度，以适应候选人的能力。例如，对于建立一个快速搜索接口的问题，可以通过要求搜索查询分布在多台机器上来增加难度；或者，对要索引的项目的大小设定上限，以降低难度。难度分级的问题往往能提供关于候选人能力的更细粒度的信号，而二元问题使候选人要么得出答案，要么答不出。

- 控制面试节奏以保持高信噪比。不要让候选人喋喋不休，被难题困住，或跑题太久。可以用提示来引导候选人，或者总结一下并转到另一个问题。

- 通过快速提问/简短回答的方式从大量候选人中迅速筛选出不合格者。诸如参数传递在编程语言中如何工作，或核心库如何工作之类的问题，合格的候选人可能只需几秒钟或一分钟就能回答。这可以帮助我们快速排除一些不合格的候选人。

- 在面试过程中，定期旁听其他团队成员的面试或与他们结对面试。这些环节有助于校准不同面试官的评分，并提供机会让大家彼此反馈，以改进面试流程。

- 不要害怕使用非常规的面试方法，只要这些方法能帮助我们识别出团队所关心的信号，就没问题。例如，Airbnb 至少用两次面试来评估候选人对公司的文化适应性，因为他们认为，公司的成功很大程度上归功于所有员工与公司核心价值观保持一致。

与所有技能一样，让你在面试和招聘工作中变得更高效的唯一方法就是不断迭代和实践。但这些努力是值得的：为团队添加一名实力强劲的工程师所带来的额外产出，远远超过你可以做的其他许多投资的产出。

设计好的入职流程

尽管在 Ooyala 有过"浮沉由己"的经历，而且在 Quora 也有过一些特殊的经验，但我坚信入职流程可以更有序，给人的压力更小。当然，我通过了这两家公司的入职流程的考验，但是如果想成功地扩大工程师团队规模，这些流程还有很多值得改进之处。在一个小团队中，当你试图弄清楚什么是最重要的事情时，没有文档可以看，也没有人可以咨询。随着团队的壮大，需要探索的新事物越来越多，新员工在没有任何指导的情况下，要想弄清楚首先学习什么就变得越来越难。员工会向新人介绍不同的概念子集，但有用的信息很容易在零散的解释中被遗漏。新软件工程师可能不会去学习关键抽象，因为他的初始项目处理的是外围功能，并不涉及代码库的核心部分。或者，如果没有清楚地传达期望，新入职的软件工程师可能会花太多时间阅读设计文档或编程语言指南，而没有足够的时间修复 bug 和构建功能。因此，当 Quora 打算发展工程团队时，我自告奋勇为新加入的软件工程师制订了一个入职培训计划。

我以前从未做过类似的事情——这远远超出了我正常的软件开发的舒适区。因此，我研究了谷歌的 EngEDU 培训项目和 Facebook 为期 6 周的 Bootcamp 入职培训项目，并联系了不同公司的软件工程师，了解哪些培训对他们有效、哪些无效。根据这些研究，我在 Quora 正式定义了工程师导师的角色，并组织了一系列经常性的入职培训讲座。慢慢地，我开始负责协调编写培训材料，举办导师培训研讨会，并担任团队中许多新员工的导师。

我意识到，高质量的入职培训流程是提高团队效率的强大杠杆点，这一点让我深受鼓舞。第一印象非常重要。良好的初始体验会影响软件工程师对工程师文化的看法，塑造他对未来产生影响的能力，并引导他根据团队优先级学习新知识和工作。在新工程师入职的第一个月，对他们每天进行一两个小时的培训，比在产品上花同样的时间所产生的组织影响要大得多。此外，你最初为创建入职流程而投资的时间，会在每一个新加入的团队成员身上持续得到回报。

入职培训对团队和公司都有好处，但如果你已经入职一段时间，而且是一名富有成效的贡献者，你或许想知道帮助新员工适应工作环境对你个人有什么好处。为什么要从自己的工作中抽出时间做这些事？请记住，为团队的成功投资意味着你也更有可能成功。用心地培养新的团队成员，最终会使你能够更灵活地选择杠杆率更高的活动。团队的规模越大，成员的能力越强，意味着做代码审查就越容易，可以修复 bug 的人越多，能参与响应系统告警和提供支持的人越多，完成更大型项目的机会也就越多。

举例来说，Quora 的入职培训项目中，有一个部分是让每位新员工与一名导师结对。导师从他们的任务中选择一些小功能或 bug 修复任务分配给新员工作为启动项目。这对新员工来说是很好的学习机会，因为导师具备这些项目的背景知识，可以提供指导并解答疑问。它还使导师能够将注意力从不太感兴趣的任务转移到他们更适合处理的高杠杆率任务上。入职培训是一件双赢的事情：新员工接受了宝贵的专业指导，而导师则完成了更多的工作。

相反，糟糕的入职体验会降低团队的效率。如果新员工需要更长的时间来适应，其有效产出就会减少。如果团队新成员错误地使用了抽象或工具，或者不熟悉团队的惯例或要求，其代码质量就会受到影响。培训不足意味着更难准确识别表现不佳的员工——他们表现不佳是招聘环节的问题，还是他们只是需要更长的时间来适应？此外，优秀的软件工程师承受着不必要的压力，甚至可能因为缺乏有力的指导而被淘汰。低质量的入职流程的影响是相当深远的。

无论你的资历如何，都可以为入职流程做出有意义的贡献。如果你是一名新软件工程师，并且刚刚经历了这个过程，就可以提供最直接的反馈，说明哪些环节有效、哪些无效；如果你的公司使用维基或内部文档，可以看看自己是否能直接更新和改进它们；如果你是一名更资深的软件工程师，请观察团队新成员在哪些方面表现出色以及在哪些方面遇到了困难，并利用这些观察为未来的员工改进入职流程。

那么，如何为团队创建一个好的入职流程呢？首先，确定团队想要实现的目标。其次，构建一套机制来实现这些目标。在设计 Quora 的入职流程时，我列出了这个过程中应当实现的 4 个目标：

1. **帮助新人尽快度过适应期**。对于团队负责人来说，入职培训确实在短期内会影响其生产力。然而，新员工越早进入状态，他们就能越早创造有意义的产出——从长远来看，这将使团队能够完成更多工作。

2. **传授团队的文化和价值观**。虽然新工程师可能已经通过招聘、营销材料和面试了解了一点团队文化，但入职流程有助于确保他们深入理解团队共同的价值观。这些价值观可能包括完成任务、数据驱动、团队合作、构建高质量的产品和服务及其他内容。

3. **让新员工了解成功所需的广泛基础知识**。每个工程师都应该知道的关键事项是什么？加入团队后学到了哪些有价值的技巧和窍门？一个好的入职项目的关键是确保每个人都从一致且坚实的基础开始。

4. **通过社交方式让新员工融入团队**。这意味着要为他们创造机会，与其他团队成员会面并发展工作关系。新员工越早成为团队的正式成员，而不是成为孤岛，他们就会越有成效。

你的目标可能会有所不同，这取决于你所在的团队。重要的是了解自己想要实现的目标，这样才能适当地集中精力。根据这些目标，我们为 Quora 的入职流程确立了 4 个主要支柱：

1. codelab。我们借鉴了谷歌的 codelab 概念来介绍 Quora 产品中的抽象和内部工具。codelab 是一份文档，它解释了产品中的一些核心抽象的设计理念和使用方法，以及这些抽象的内部相关代码，并提供编程练习以帮助你验证对这些核心抽象的理解。我们为自己的网络框架 WebNode、实时更新系统 LiveNode、缓存层 DataBox 和调试工具创建了 codelab，以便向新软件工程师传授基本原理，介绍 Quora 是如何构建出来的。[10]

   我投入了大量精力创建了第一个可以作为样板的 codelab，然后通过招募队友参与来扩大规模。这些投资主要涉及创建可重用资源的一次性前期成本，以及更新旧内容的一些少量经常性成本。codelab 阐明了在入职早期需要掌握哪些重要的抽象，并推荐了学习它们的特定路线。这些 codelab 使新工程师能够更快地上手，更快进行产品更新。

2. **入职培训讲座**。在新员工入职后的前 3 周，我们组织了一系列入职培训讲座，共 10 场。这些讲座由团队中的资深软件工程师担任讲师。他们会介绍代码库和网站架构，解释并演示我们的不同开发工具，介绍围绕单元测试等主题的工程实践的期望和价值观，还会介绍 Quora 重点关注的领域——我们认为这对于新员工来说是最需要学习的内容。我们还为团队中的每个人提供了彼此认识的好机会。最关键的讲座，如"代码库介绍"，只要有一位新员工入职就会安排；其他的讲座则是等到有一批新员工入职后一起进行。入职培训讲座和

codelab 共同发挥作用，确保新员工学到相关的基础知识。

3. **导师制**。由于每位新员工的背景都不相同，入职培训项目不可能采取一刀切的模式。Quora 为每位新员工配备了一名导师，以便在其入职最初的几个月内为他们提供更加个性化的培训。导师在第一周每天会找学员了解情况，然后每周进行一次 1 对 1 的会面。导师的职责包括审查代码、讨论软件设计中的权衡和规划工作的优先级，以及将新员工介绍给团队中合适的人，并帮助他们适应初创公司的快节奏。Quora 还举办了导师研讨会和会议，方便导师交流指导技巧并改进辅导的效果。

作为一个团队，我们建立了一个共识，即导师从日常工作中抽出时间来培训新员工的做法是大家都认同的。事实上，我们强烈鼓励这一方式。在新员工入职的第一天，我会明确告诉我所指导的新工程师，对我而言，让他们快速适应工作比我的其他工作更重要。我们甚至还考虑了办公空间的安排，将新员工的工位安排在他们导师附近，方便他们向导师咨询。所有这些都有助于确立尽快让新员工进入状态的共同目标，并设定这样的期望：新员工应该毫不犹豫地寻求导师的指导。

4. **入门任务**。新工程师在第一天就要通过提交代码的方式让自己正式加入团队，我们的目标是让每个人在第一周结束时都能完成一项入门任务——无论是修复一个 bug、部署一个小的新功能，还是进行新的实验。这个激进的目标传达了完成任务和快速行动的价值观。这也意味着团队需要尽可能消除入职阻力，以便新员工迅速产生工作动力。例如，我们必须充分地减少开销，使他们能够设置开发环境，进行简单的变更，运行测试，提交代码并部署——所有这些都在他们入职的第一天完成。

导师负责为他们的学员安排越来越复杂的入门任务。这些任务可能是导师需要完成的 bug 修复、功能或实验，它们为学员提供了宝贵的学习机会。我通常建议导师选择他们自己需要一天时间才能完成的项目，这样即使新员工上手的时间比预期长，项目出现延误，他们仍然有很大可能在第一周内完成。

这些目标和实践只是一些示例，供大家为自己的团队设计入职流程时参考。重要的是要认识到，建立一个好的入职流程需要迭代的。也许你一开始只是打算写一份关于如何设置开发环境的文档，目的是让新工程师在第一天就准备好写代码；也许你后来意识到并非所有的入门项目都可以达到相同的技能提升效果，于是决定编写一套指导原则来帮助新人选择合适的入门项目；也许你发现自己在一遍又一遍地讲解相同的代码库或架构，然后意识到为这个主题准备一次讲座或者录制一个视频会更有效率。

无论你在哪里设计入职流程，都要考虑自己的经验并咨询团队中其他人的意见，了解哪些内容的效果好，哪些需要改进。要经常思考新员工在哪些方面遇到了困难，以及你可以做些什么来帮助他们更快地成长。列举一些你希望自己当初能早点学到的关键概念、工具和价值观。实施你最有价值的想法，然后对新员工及其导师进行调研，看看这些变化是否有所帮助，然后重复这个过程。

共享代码所有权

Ooyala 的整个工程团队一直在为重写视频播放器而冲刺。几个月来我们每周工作 70 小时，我已经筋疲力尽了。但最后，我终于可以去夏威夷，给自己一个梦寐以求的假期。一天，我正在世界上最大的火山莫纳罗亚的环山小道上徒步旅行，享受着远离办公室日常工作的愉快休闲时光。突然，我的手机响了，我看到 Ooyala 首席技术官发来的短信："日志处理器故障。"

当我们还在壮大 Ooyala 的分析团队时，我就接手了日志处理器这个特殊的软件。它用来收集从数百万 Ooyala 在线视频观众那里得到的所有原始数据，并为我们的商业客户生成分析报告。报告的内容会不断更新，向客户实时展示观众如何观看在线视频，并提供了按人口统计细分的详细指标。我是唯一知道它如何运行的人，但那一刻，我在莫纳罗亚火山上。

既然首席技术官向我求助，我知道这个问题非同小可。我也明白办公室里没有人对系统有足够的了解能调试这个问题。但不幸的是，由于我的笔记本电脑和 Wi-Fi 都不方便使用，我只能回复："我在火山上徒步，今晚才能看。"然而那天余下的时间里，这个问题一直萦绕在我的脑海里。

等我终于回到酒店，我调查了问题并恢复了日志处理器。但很明显，这个流程与我们理想的状况相差甚远。当时的情况对我来说并不愉快，因为我难得的假期被打乱了；我的团队也不开心，他们依赖我，而我却没有及时回应；我们的客户也不满意，他们几乎一整天都无法查看任何新的分析报告。

有一种常见的误解，认为成为唯一一个负责项目的软件工程师会增加个人的价值。毕竟，如果没什么人知道你所知道的，那么你的知识的稀缺性就会转化为更高的需求和价值，对吧？然而，我的经验是，共享代码所有权不仅有利于自己，也有利于整个团队。随着资历的增加，作为软件工程师你的责任也会增加。你将成为更多项目的负责人，其他工程师也会更频繁地向你咨询。虽然这会让你感觉良好，甚至可能会增加你的工作安全感，但这也是需要付出代价的。

当你成为某个项目的瓶颈时，你就失去了处理其他工作的灵活性。你必须频繁地处理高优先级的 bug，因为你的专业知识使你能够更快地修复它们。如果你是唯一一个对工作系统有完整了解的人，当系统出现故障时，你会发现自己是第一道（或唯一的）防线。你的大部分时间都花在响应问题、维护系统、调整功能或修复系统中的错误上，而这仅仅因为你是知识最渊博的人，这样一来你就很难找到空闲时间去学习和构建新的事物。在团队中找到可以满足这些需求的其他成员，能让你有更多自由去专注于其他高杠杆率的活动。这就是我们提倡通过教学和指导对团队进行投资，从而获得长期回报的一个关键原因。

从公司的角度来看，共享代码所有权将"巴士因子"（bus factor）增加到 1 以上。这个古怪的术语是指团队中有多少关键人员丧失工作能力（比如，被公共汽车撞伤）后剩下的成员就将无法维持项目继续进行。[11] 巴士因子为 1，意味着如果团队中的任何一名成员生病、休假或者离职，其他成员都会受到影响。这也意味着团队中的工程师更难被替代。当工程师是可替代的时候，"没有什么工作是非你不可的，"Facebook 的工程总监宁录·胡斐恩解释说，"任何一件事都可以由多人完成，这会让你拥有更多的自由度、更大的开发灵活性，不需要随时待命和提供技术支持。"[12] 共享代码所有权消除了信息孤岛，使一个工程师能够替代另一个队友工作，这样每个人都可以专注于产生最大影响力的活动。此外，由于项目中经常涉及一些出力不讨好的工作，共享代码所有权也意味着每个人都参与维护代码，而不是由某一个人承担全部责任。

要增加共享代码所有权，就需要减少其他团队成员在浏览、理解和修改你编写的代码或构建的工具时可能遇到的阻力。以下是一些策略：

- 避免出现一人团队。
- 互相审查对方的代码和软件设计。
- 团队成员轮流承担不同类型的任务和职责。
- 保持代码的可读性和高质量。
- 举办关于软件设计决策和架构技术的讲座。
- 为软件编写文档，不管是高层的设计文档还是代码注释均可。
- 将完成工作所需的复杂工作流程或不明显的变通方法用文档记录下来。
- 投入时间教授并指导其他团队成员。

Ooyala 的工程团队现在越来越强调共享代码所有权。一个团队中的任何人都可以随叫随到并对出现的问题负责。这使高级软件工程师能有更多的空闲时间来处理其他项目，而初级软件工程师则有机会熟悉基础架构和代码库。共享代码所有权，可以让你脱离关键路径，也给自己更多的成长机会。

通过事后复盘汇聚集体智慧

在匆忙完成任务的过程中，我们经常从一个任务切换到另一个任务，从一个项目转移到另一个项目，而没有停下来思考如何有效地利用时间，或者是否可以做得更好。养成定期调整优先级的习惯（见第3章），为我们提供了一个回顾的机会。另一个宝贵的机会就是在事件和项目结束之后做总结时，或与其他团队更广泛地分享经验、吸取教训时。

在经历网站宕机、发现高优先级 bug 或其他基础设施问题之后，高效的团队会开会并进行详细的事后复盘。他们讨论和分析事件，写下事件的经过、发生的方式和原因，以及如何防止将来发生类似的事件。事后复盘的目的不是要追究责任，这可能会使讨论产生相反的效果；事后复盘是要共同找出更好的解决办法。如果发生的事情是无法预防的，事后复盘可能会促使团队构建新的工具，使系统更容易恢复，或者编写一份文档详细说明如何处理类似情况。由于组织中的许多人都想知道发生了什么，所以事后复盘的结果通常会在团队中共享。

对项目开发过程和项目上线过程进行同样的回顾并不常见。你的团队可能推出了一项功能，获得了媒体的好评，大家开香槟举杯庆祝工作圆满完成，然后开始下一个项目。但是这个功能确实有效地实现了团队的目标吗？或者团队重写基础设施的代码，花了几个月的时间使其速度提高了 5%。但这真的是对团队时间的最佳利用吗？如果不停下来分析并回顾数据，我们就很难知道答案。此外，即使对项目做了复盘，其结果通常也不会被广泛传播，每个团队还是必须自己重新吸取同样的教训。

要想把事后复盘做得更好，还要克服一些阻力。如果团队没有为项目上线定义一个明确的目标或指标，就很难评估其是否成功；如果团队不想公开宣布几个月来的工作是失败的，就很有可能禁止讨论；如果团队被新项目压得喘不过气，就很难抽出时间进行反思。结果，我们失去了汇聚集体智慧的机会，无法吸取教训；或者即使吸取了教训，也仅有少数人记得住。代价高昂的错误不断重复。而当有人离职时，集体智慧就会减少。

我们可以将这种典型经验与美国宇航局（NASA）收集知识的方式进行对比。美国宇航局的宇航员在每次模拟和执行任务后都会向他们的支持团队汇报情况，并总结经验和教训，找出哪里出了问题、哪里可以做得更好。汇报过程很紧张，专家们会提出一连串问题，每一个决定和行动都会被仔细地剖析。4 小时的模拟之后可能会安排 1 小时会议进行汇报。一次太空飞行之后，可能会有一个月或更长时间的全天汇报会议。参与者在面对批判性的反馈时必须保持情绪稳定。请记住，事后复盘的目的不是要指责谁，而是最大限度地发挥集体智慧。

这种汇报虽然耗时，但非常有价值，美国宇航局的综合性巨著《飞行规则》（*Flight Rules*）中收录了 200 多次太空飞行积累的经验和教训。克里斯·哈德菲尔德（Chris Hadfield）在《宇航员地球生活指南》（*An Astronaut's Guide to Life on Earth*）中描述了《飞行规则》，他写道："自 20 世纪 60 年代初，'水星计划'①时代的地面小组首次开始收集'经验和教训'并将其汇总为一部纲要以来，美国宇航局一直在记录我们的失误、灾难和解决方案，现在已经列出了数千个故障场景，从发动机故障到舱门把手损坏再到电脑故障，以及它们的解决方案。"

这部纲要详细描述了在各种不同的故障场景下，你应该做什么以及为什么要这样做。冷却系统出现故障？《飞行规则》会告诉你如何一步一步地修复它，并解释每个步骤的基本原理。燃料电池出现问题？《飞行规则》会告诉你是否需要推迟发射。这本册子里描述了"极其详细的、特定场景的标准操作程序"，以及从过去的任务中提炼和吸取的所有经验及教训。每次遇到意外问题时，任务控制中心都会参考《飞行规则》；每当解决了一个新问题后，他们就会把它添加到《飞行规则》中。航天飞机发射一次的成本为 4.5 亿美元，[13] 所以就不难理解为什么美国宇航局要花费如此多的时间做准备以及在执行任务后进行总结性汇报了。

我们中的大多数人都不会参与发射航天器或协调登月的项目，但

---

① 译注：美国第一个载人航天计划，目的是验证载人航天的可行性。

美国宇航局对项目进行事后复盘以汇聚团队集体智慧的做法,对我们的工作仍然非常有参考价值。我们当然也可以像美国宇航局那样,为不同的程序编制分步操作指南——另一个版本的《飞行规则》。MySQL数据库有故障?《飞行规则》会告诉你在发生故障时如何进行主备切换。服务器因流量过大而过载?《飞行规则》会告诉你执行哪些脚本可以快速扩容。

这些经验和规则也适用于项目管理。项目进度落后?《飞行规则》会告诉你以往不同项目团队加班后发生的事情,这些团队认为最终成功或失败的主要因素是什么,以及团队成员最终是否精疲力竭。有一个关于排序算法的新想法吗?《飞行规则》里有过去所有 A/B 测试的汇编,包括它们的假设是什么,以及实验是证实还是拒绝了这些假设。

亚马逊和 Asana 等公司使用丰田的“五个为什么”这样的方法来了解运营问题的根本原因,[14, 15]形成了自己的《飞行规则》版本。例如,网站宕机时,他们可能会问:“网站为什么崩溃?”因为有些服务器过载了。“它们为什么过载?”因为不成比例的高流量正在冲击这几台服务器。“为什么流量没有更随机地分布?”因为请求都来自同一个客户,他的数据只托管在这些机器上。当问到第五个“为什么”时,他们已经从问题的表象转到了问题的根本原因。我们可以使用类似的方法对项目的成败进行富有成效的讨论。

归根结底,汇总团队的经验和教训是以诚实的对话为前提的,而就项目进行诚实的对话可能会让人感觉不舒服。它需要我们承认几个月的努力可能导致了失败,并将失败视为成长的机会。它要求我们对改进产品或团队的共同目标保持一致,而不是将重点放在向谁追究责任上。它需要我们有开放的心态,虚心接受反馈意见,围绕出错的地方和可以做得更好的地方汇聚集体智慧。但是,如果 1 小时的艰难对话能为下一个长达一个月的团队项目增加成功的机会,那么这无疑是一项杠杆率很高的活动，值得我们付出时间和情感。

要向整个组织灌输集体学习的文化是很难的。然而，持续的努力会逐渐显现效果。从你们团队的小项目开始，逐渐建立起对大型项目进行事后复盘的惯例。我们从每一次经历中学到的越多，能带入下一个项目中的经验就越多，成功的机会就越大。请记住，要优化集体的学习。

建设卓越的工程师文化

在我的职业生涯中，我审阅过数千份简历，面试过 500 多名候选人。他们中的许多人是来自 Facebook、谷歌、亚马逊、Dropbox、Palantir和苹果等顶级科技公司的工程师。面试官往往会问一系列他们针对多个候选人校准过的问题。例如，我总是问："关于＿＿＿＿公司的工程师文化，你喜欢哪一点，不喜欢哪一点？"如果候选人是社招人才，我就会在空白处填上他即将离职的公司名称，如果是应届大学毕业生，我就会填上他之前实习过的公司名称。

最初，我只是想让候选人分享好的工程师文化，以获得最佳实践。我记录下他们的回答，但是一段时间以后，我发现这些回答描绘出了不同工程师文化引人深思的画面。有些回答显示有害的工程师文化是一些最优秀的工程师离开团队的原因。另一些回答则揭示了卓越的文化。工程师在决定是否加入新组织时，实际上会观察该组织是否拥有这样的文化。我利用我记录的数据来想象自己的团队文化应该是什么样子。

工程师文化由团队成员共享的一套价值观和习惯组成，卓越的工程师文化可以带来许多好处。工程师觉得自己被赋予完成任务的权力，这让他们更快乐、生产力更高，反过来又会使员工留存率更高。这样的文化提供了一个共同的背景和决策框架，有助于团队和组织更快地适应并解决遇到的问题。而且，由于最优秀的工程师都在寻找强大的工程师文化，因此它也成为招聘人才的有用工具。聘用这些有才干的工程师，进一步加强了公司的工程师文化，形成了一个正向的反馈循环。

那么，最优秀的工程师希望在未来的公司里找到什么呢？根据数百次的面试和交谈，我发现卓越的工程师文化有以下特点：

1. 优化迭代速度。

2. 坚持不懈地推动自动化。

3. 构建正确的软件抽象。

4. 通过代码审查来关注高质量代码。

5. 在工作中相互尊重。

6. 建立代码的共享所有权。

7. 对自动化测试投资。

8. 提供实验时间，不管是工作时间的 20%，还是黑客马拉松。

9. 培养一种学习和持续改进的文化。

10. 聘用最优秀的人。

你会注意到，本书涵盖了这些主题中的大部分。这并不是出于巧合。最优秀的工程师都很享受完成工作，而我们一直在讨论的高杠杆率投资恰恰就能使他们更快地完成工作。最优秀的工程师都希望在高质量和经过良好测试的代码库上工作。他们希望迭代和验证周期较短，以便快速学习而不是浪费精力。他们相信坚持不懈地推动流程自动化可以减轻运营负担，这样就可以继续学习和构建新事物。他们深谙杠杆率的价值，并且希望在能够创造有意义的影响的企业里工作。

卓越的工程师文化不是一天建成的，也不是在公司刚成立的时候就已经存在。它始于初始团队成员的价值观，但又是一项持续的工作，每一位工程师都在塑造它。工程师文化会因为我们所做的决定、讲的故事和采用的习惯随时间而演变。它帮助我们做出更好的决策，更快地适应环境，吸引更有能力的人才。当我们专注于高杠杆率的活动时，我们不仅可以成为卓有成效的工程师，也为卓越的工程师文化奠定了坚实的基础。

本章要点

- ⊙ **帮助你周围的人获得成功**。工程师的高阶职位是留给那些使同事更高效的人的。此外，周围人的成功也会带动我们成功。

- ⊙ **把招聘作为头等大事**。保持较高的招聘门槛，在团队发展中发挥积极作用。

- ⊙ **对入职培训和指导进行投资**。越快地培养新的团队成员，团队就越高效。团队越高效，我们就有越多的自由来处理不同项目。

- ⊙ **建立代码的共享所有权**。将巴士因子提高到 1 以上，这样你就不会成为团队发展的瓶颈。这将使你能灵活地专注于其他高杠杆率的活动。

- ⊙ **汇报并记录集体智慧**。与团队成员一起对项目复盘，了解哪些方面是成功的、哪些不是，记录和分享经验及教训，这样就不会丢失宝贵的集体智慧。

⊙ **创造卓越的工程师文化。**这将帮助你提高工作效率，简化决策，并招聘其他优秀的工程师。通过培养团队成员相同的习惯，高效地发挥团队影响力，从而建立一种卓越的工程师文化。

结　语

这本书的写作始于我的一次搜索。如何才能创造有意义的影响，而又不必像我在创业初期那样每周工作 70 至 80 小时呢？怎样才能减少构建客户不使用的产品和功能的时间，减少本可以由软件自动完成的维护基础设施的时间，减少因为我成为瓶颈而卡住任务的时间？怎样才能做到事半功倍呢？

在本书中，我分享了自己在成为一名更高效的工程师的过程中所学到的东西，谈论了不少主题和教训。同时，这些也只是勉强触及了软件工程师所面临问题的冰山一角。什么时候应该使用某种技术而不是另一种？哪些编程语言或范式值得学习？我们应该从事业余项目，还是应该专注于与工作直接相关的技能？应该花多少时间来提高我们的沟通或表达能力？这样的问题可以一直列下去，而要为每一个问题提炼出最佳解决方案则需要大量的时间。此外，最佳方案也因我们所处的环境、个人偏好和目标而有所不同。

好消息是，我们在本书中使用了相同的操作原则——杠杆率，它可以帮助我们找到方向。如果我希望大家从这本书中有所收获的话，那就是：**时间是我们最有限的资产，而杠杆率——我们在单位时间内产生的价值——可以让我们将时间投入到最重要的事情上。**我们应该经常问自己：我正在做的工作是否为当前的目标提供了最高的杠杆率？如果没有，为什么要做它？此外，当我们做出错误的选择——这在每个人的职业生涯中必然会发生，成长型思维模式会让我们将每一次失败都看作学习的机会，并在下一次努力做得更好。

杠杆率是卓有成效的工程师思考工作的一种视角。而且，正如你可能已经意识到的，本书中的大部分建议都适用于工程以外的领域。时间的限制在我们的生活中同样存在。杠杆率原则可以指导我们选择那些对我们的努力产生最大影响的日常活动。

当我们想理财，就应该花更多的时间来与老板谈薪水，并设定我们的资产配置，这两者都可能在日后给我们带来数万或数十万美元的收益；不要纠结于是否改变喝咖啡的习惯，再怎样也不过能节省几十美元。在为旅行或活动制订计划时，应该把重点放在对我们最重要的部分上——地点、食物、活动内容、受邀者或其他方面，然后再考虑那些小细节。当我们争论是否应该雇一个虚拟助理，将某项任务外包给一个远程团队，或者打电话给优步或 Lyft 而不是等公交车时，也应该对时间的最佳利用率做类似的计算。甚至在写这本书的时候，我也需要克服一人团队的风险，并有意识地提醒自己，花 1 小时收集反馈往往比花 1 小时写作或修改有更高的杠杆率。

这种观点是否意味着我们应该只做具有高杠杆率的事情呢？不，那会使人心力交瘁、疲惫不堪。我们享受大量的休闲活动，比如旅游、徒步旅行、跳萨尔萨舞、与家人和朋友聚会，而不必去考虑这些活动是否具有很大的影响力或者是否对时间的最佳利用——这一切本就应当如此。但是，当我们实现自己的工作和生活目标时，杠杆率就是一个强大的框架，可以帮助我们专注于正确的事情。

附录 A

一路走来，我从众多书籍和文章中得到了指导和启发。以下几本书极大地塑造了我对于成为一名卓有成效的工程师的思考方式。此外，大家还可以关注我后面列出的博客，继续学习。

每位软件工程师都应该阅读的 10 本书

- 《人件》（*Peopleware: Productive Projects and Teams*）：作者是软件顾问汤姆·迪马可与蒂莫西·利斯特。这本书于 1987 年首次出版，作者通过对项目和团队中许多动态因素的研究，提出了一系列由实际研究所支持的观点。有些内容虽然有点过时，但这本书提出了许多蕴含智慧结晶的观点，比如强制加班会如何破坏团队的凝聚力，以及在编程时听音乐会如何干扰我们的专注力。《人件》促使我开始思考如何建立有效的工程团队和卓越的工程师文化。

- 《极客与团队：软件工程师的团队生存秘籍》（*Team Geek: A Software Developer's Guide to Working Well with Others*）：由布赖恩·W·菲茨帕特里克（Brian W. Fitzpatrick）和本·柯林斯-萨斯曼（Ben Collins-Sussman）合著。在这本书中，两位创建了谷歌芝加哥工程办公室的谷歌人分享了如何与软件工程师融洽合作的经历和见解。它涵盖如何与经理或害群之马式的团队成员打交道的策略，并讨论了领导团队的模式与反模式，对任何成长中的软件工程师来说都非常值得阅读。

- 《格鲁夫给经理人的第一课》（*High Output Management*）：安德鲁·S·格鲁夫著。格鲁夫是英特尔前首席执行官，正是他向我介绍了杠杆率，我现在用来分配时间的方法也是他所推荐的。不要因为书名中的"管理"一词就退避三舍。作者关于如何提高产出的建议既适用于管理者，也适用于他所说的"技术经理"——类似高级软件工程师这样的人，他们掌握着组织中大量的宝贵知识。

- 《搞定：无压工作的艺术》（*Getting Things Done: The Art of Stress-Free Productivity*）：作者是大卫·艾伦（David Allen）。这本书详细描述了管理待办事项以及任务清单的具体方法。虽然我并不赞同艾伦的所有观点，但书中一些可行的工作方式确实令我耳目一新。如果你没有一个好的工作流程来确定任务的优先级并完成任务，这本书可以提供最初的参考。

- 《每周工作4小时》（*The 4-Hour Workweek: Escape 9-5, Live Anywhere, and Join the New Rich*）：作者为蒂莫西·费里斯。

无论你是否真的认同费里斯所倡导的那种极端的生活方式,这本书都能教会你两件事。首先,它展示了通过不断调整工作的优先级,并且专注于充分利用强项的倍增效应,可以实现无限的可能。其次,它使人们认识到创建可持续的弱维护系统的重要性。这是在工程中经常被忽视的一点,我们倾向于用最新的、诱人的技术去构建新功能,却不一定考虑到了未来的维护成本。

- 《高效能人士的七个习惯》(*The 7 Habits of Highly Effective People: Powerful Lessons in Personal Change*):作者为斯蒂芬·R·科维。事实上,我并不喜欢科维的写作风格,其中大部分内容都有点过于抽象且松散,但书中观点的持久影响力弥补了这点不足。从科维的第三个习惯“要事第一”中,我了解到人们往往会忽视重要但不紧急的任务,并花很多时间去处理诸如电子邮件、电话和会议等可能紧急但根本不重要的任务。我从这个习惯中获得的一个关键启示就是,要明确地规划时间来对自己进行投资,比如学习新技能、维护人际关系、阅读书籍等。

- 《清醒:如何用价值观创造价值》(*Conscious Business: How to Build Value Through Values*):作者是弗雷德·考夫曼(Fred Kofman)。考夫曼在 Facebook 和谷歌等公司担任过领导力研讨班导师,他的书改变了我与他人进行高难度谈话时采用的方式。通过简单的语言和精心构建的假设,考夫曼证明了我们经常将事实与自己对事实的解读混为一谈,从而导致无效的沟通。只有将事实与故事分离开来,我们才能真正地进行那些高难度谈话，并实现沟通所要达成的目标。

- 《高效能人士的思维方式》（*Your Brain at Work: Strategies for Overcoming Distraction, Regaining Focus, and Working Smarter All Day Long*）：作者是戴维·罗克（David Rock）。在这本通俗易懂的书中，罗克将对大脑功能的研究与克服大脑的局限性更有效工作的可行性建议结合在一起。例如，这本书告诉我，因为优先级排序是一项困难但杠杆率高的活动，需要耗费大量的认知精力，所以最好在一天工作开始的时候进行。

- 《心流：最优体验心理学》（*Flow: The Psychology of Optimal Experience*）：作者是米哈里·契克森米哈赖，一位匈牙利教授，当今世界积极心理学领域的领军人物。他在这本书中总结了自己多年来关于什么让人感到满足和有动力的研究。主要原则包括快速的反馈循环、适当的挑战水平和不被干扰打断。考虑到我们在工作上要花费无数时间，在我们从某个工作转到另一个工作，从一个项目换到另一个项目时，充分认识到这些原则是非常有价值的。

- 《成功，动机与目标》（*Succeed: How We Can Reach Our Goals*）：作者为海蒂·格兰特·霍尔沃森（Heidi Grant Halvorson）。他探讨了思考目标时可以采用的不同框架，以及如何最优地设定目标以增加成功的机会。对目标采取乐观/悲观的态度什么时候会有所帮助？应该思考为什么要实现某个目标，还是思考实现它需要哪些步骤？我们是否应当设想一下实现某个目标后可能会获得什么，或者如果未能实现目标可能会失去什么？事实证明，根据目标的类型，设定目标时的不同心理会显著影响我们成功的机会。

推荐关注的博客

1. 博客名：theeffectiveengineer
   这是我的个人博客，我在这里撰写有关工程习惯、提升生产率的技巧，以及领导力和文化方面的内容。

2. 博客名：kalzumeus
   这个博客的作者帕特里克·麦克肯齐（Patrick McKenzie）经营着自己的软件公司，并且写了许多关于职业、软件咨询、SEO 和软件销售的优秀长篇文章。

3. 博客名：katemats
   博主凯特·马苏德拉（Kate Matsudaira）曾在微软和亚马逊等大公司以及初创公司工作过，她在博客中分享了关于技术、领导力和生活的建议。

4. 博客名：randsinrepose
   博主迈克尔·洛普（Michael Lopp）曾在网景、苹果、Palantir 和 Pinterest 等公司的管理职位上工作多年，并撰写了关于科技生活和工程管理的文章。

5. 博客名：softwareleadweekly
   博主奥伦·艾伦伯根（Oren Ellenbogen）策划了一份关于工程领导力与文化的高质量的通讯周刊。

6. 博客名：calnewport

   博主卡尔·纽波特（Cal Newport）是乔治敦大学计算机科学助理教授，专注于提供基于证据的建议，以实现成功而充实的人生。

7. 博客名：joelonsoftware

   博主乔尔·斯伯斯基（Joel Spolsky）是 Stack Exchange 的联合创始人，在他的博客文章里有各种各样的编程箴言。

8. 博客名：martinfowler

   博主马丁·福勒（Martin Fowler）是《重构》一书的作者，他撰写了关于如何最大限度地提高软件团队生产力的文章，并对常见的编程模式进行了详细的总结。

9. 博客名：pgbovine

   这是计算机科学教授菲利普·郭（Philip Guo）的博客，他全面且坦诚地撰写了大量文章，描述了他本人在研究生院学习和工作后的经历。

致　谢

我要感谢很多人，是他们帮助我完成了《卓有成效的工程师》这本书的写作和出版。

非常感谢我的妻子 Chen Xiao，感谢她对于我利用工作闲暇追寻写书梦想给予的耐心和支持。她试读了早期书稿的许多内容，并真正帮助我为这本书找到了统一的结构。

我的编辑艾米丽·M·罗宾逊（Emily M. Robinson）将我的写作质量提升到了新的高度，在 Quip 上与她一起反复推敲、修改稿件是一件很愉快的事情。作为一名新手作者，我不可能找到比她更好的编辑了。

非常感谢 Philip Guo、Leo Polovets、Phil Crosby、Zach Brock、Xiao Yu、Alex Allain、Ilya Sukhar、Daniel Peng、Raffi Krikorian、Mike Curtis、Jack Heart、Tamar Bercovici、Tracy Chou、Yieren Lu、Jess Lin、Annie Ding、Ellis Lau、Jessica Lau 阅读了这本书的初稿，并提供了宝贵的反馈意见。

许多人为这本书贡献了小故事：Mike Krieger、Marc Hedlund, Sam Schillace, Tamar Bercovici、Bobby Johnson、Albert Ni、Nimrod Hoofien、Kartik Ayyar、Yishan Wong、Jack Heart、Joshua Levy、Dan McKinley。感谢你们抽出时间坐下来接受采访，你们分享的故事和教训是无价的。

感谢布雷特·泰勒（Bret Taylor）抽出时间为本书作序，还要感谢他为一个产品专门创办了一家公司，使这本书的协同写作和项目管理方面变得更加有趣。

感谢 Quora 的团队建立了一个知识共享平台，重新激发了我的写作热情。特别要感谢查理·切沃（Charlie Cheever），是他让我能够在公司里创造有意义的影响。

关于作者

埃德蒙·刘（Edmond Lau）是 Quip 公司的一名软件工程师，他正着力构建一个生产力套件，以提高团队的效率。

在此之前，他是 Quora 的初创成员之一，曾经领导工程团队致力于用户的增长，并为新软件工程师制订入职培训和指导计划。到 Quora 工作之前，他曾在 Ooyala 公司担任分析技术负责人，在谷歌担任搜索质量软件工程师。他获得了麻省理工学院计算机科学的学士和硕士学位。

埃德蒙·刘住在加利福尼亚州的帕洛阿尔托。访问他的网站 theeffectiveengineer，可以看到他分享的更多经验、故事和习惯，能够帮助软件工程师提高生产力和效率。

他热衷于帮助工程团队建立强大的文化，他的文章曾被刊登在《福布斯》、Slate、《财富》、《时代》等杂志上。他是麻省理工学院和斯坦福大学的客座讲师，并在初创公司发表过关于建立卓越的工程师文化的演讲。

　　《卓有成效的工程师》是他的第一本书。他很希望通过 Twitter
（@edmondlau）或电子邮件（edmond@theeffectiveengineer.com）获得
你的想法和反馈。